独楽《コマ》の科学

回転する物体はなぜ倒れないのか？

山崎詩郎　著

ブルーバックス

カバー装幀　芦澤泰偉・児崎雅淑
カバー画像　gettyimages
著者プロフィール写真　青柳敏史
本文デザイン　齋藤ひさの（STUDIO　BEAT）
本文図版　さくら工芸社
本文写真　村田克己、iStock / laremenko

まえがき

誰しも一度はコマで遊んだことがあると思います。子供のころお正月にコマを回した、ベーゴマで戦った、最近ではベイブレードで遊んだという人も多いかもしれません。

そんなとき、

「なぜコマは倒れない？」

「最強のコマを作りたい！」

という思いは湧いてきませんでしたか？　本書では、その答えを探しながら、コマの不思議をわかりやすく説明していきます。回転するという単純な動作から、予想もできない動きが生まれるのです。

と、コマの解説を始めていますが、実は私はコマ回しの達人でも、コマ作りの職人でもありません。主に量子力学の性質を利用した走査プローブ顕微鏡というもので原子スケールの量子物性物理の研究をしている、一人の物理学者です。コマのことは、大学1年の力学の講義で勉強しましたが、コマを専門に学んだわけではありません。では、そんな私がなぜコマの本を書いているのでしょうか？

大人の本気のベイブレード、中小企業が社運をかけて参戦する「全日本製造業コマ大戦」というものがジワジワと知名度を広げています。２０１４年5月、そんなコマ大戦の近畿ブロック予選が開催されました。私はちょっとしたきっかけがあり、そこでゲスト解説の席に座っていました。そして、せっかく来場したのだから、ということで選手としても参戦することになりました。解説をしながら自らも戦うという妙な絵になりましたが、なんとその大会で空気を読まずに優勝をしてしまったのです。その瞬間、世界コマ大戦への出場が決定しました。

それからというもの、私の人生はコマを軸足に回り始めました。全国大会をはじめとする日本各地のコマ大戦で解説を担当。本業の物理の知識を借りて、コマの強さや勝敗を正しくわかりやすく説明してきました。

その集大成が本書の第3章と第4章です。第3章では、優勝した私のコマを実例にコマの８つの要素を一つ一つ物理的に考察、最強のコマの形を導き出します。そして第4章では、力を奪うコマ、開くコマ、一撃必殺のコマ、絶対防御のコマ、倒れないコマ、止まるコマなど、爆発的な進化を遂げたコマを紹介し、その強さの秘密に物理的に切り込みます。

私は以前から科学の教育にライフワークとして取り組み、子供向けの科学実験教室を数多く実施してきました。そして、私の手元にはコマ大戦の戦利品として手に入れた数々のコマがありました。コマ大戦では倒した相手のコマを自分のものにできるのです。

コマを使えば遊びながら科学を学べる。そんな思いにコマ大戦優勝が重なり、「コマ科学実験教室」を開発しました。この教室は大人でもビックリ感動すると大人気になり、コマ博士として全国各地のイベントに呼ばれるようになりました。結婚式の余興でコマサイエンスショーを頼まれるなど、コマを通して交流も広がりました。さながら「コマニケーション」といったところです。本書の後半ではコマ博士の「コマ科学実験教室」の秘蔵のネタを完全公開します。

コマ大戦からコマ科学実験教室まで、コマにどっぷりハマっていった私は、旅先や買い物先で次々とコマを収集するようになりました。ただし、私のコマコレクションに入るには一つ厳しい条件があります。それは、科学的に新しい面白さがある、ということです。伝統的なコマは一つもなく、変わったコマやその仲間ばかりが約３００個集まり、自宅はさながらコマ科学博物館となっています。第5章と第6章では、そのベストセレクションをご覧ください。

次第に、コマを買い集めるだけでは満足できず、自作に傾倒していきます。コマらしからぬものこそコマにしたい。そんな衝動に駆られ、私は自分のクレジットカードの重心に直径12ミリメートルの穴を開けてコマにしてしまいました。開いたビニール傘を改造し、直径１メートルのコマを試作しましたが、バネが暴発し崩壊した苦い思い出もあります。簡単なコマの作り方は第7章で紹介しています。

回してなんぼ。ついには、すべてのものがコマに見えてきました。「回るかどうか」「回したらどう動くか、どう見えるか」。そういう観点だけでショッピングをするのも楽しいものですよね。気が付けば買い物かごの中は、初心者マークから星座早見盤まで平らで鮮やかなものでいっぱいになります。東京オリンピックのロゴマークが発表された瞬間に、回さねばと思ったのは全国でも私だけだったかもしれません。即コマ化、回してみました。すると、驚くべき秘密が明らかになりました。この秘密は第7章で紹介します。なんでも回してみるまではわからないものです。

こうして、コマを集めたり作ったりしてきましたが、よくよく考えると、そんなに気負う必要はなかったのです。そもそも我々はコマでできていて、コマの上で、コマの中で生きているではありませんか。素粒子も地球も銀河系もコマ、世界はコマからできていたのです。第8章ではそんなコマ探しの悟りの旅に出かけて本書を締めくくりましょう。

本書は、物理学者、コマ大戦解説、コマ博士という私の3つの経験を総動員し、生きたコマの物理、コマの戦い、コマの科学実験を伝える全く新しいタイプのコマの本です。

本書に登場する千差万別な戦うコマ、科学コマ

第2章 コマはなぜ倒れないのか？ 41

第3章 戦うコマの解体新書 59

第4章 進化する戦うコマ

第5章 コマの仲間 143

第7章 科学コマを作ろう！ 177

第8章 世界はコマでできている 207

第1章 コマとは?

コマを頭の中に思い浮かべてみてください。どんなコマを想像しましたか？　そもそもコマとは何なのでしょうか？　これはコマです、これはコマではありません、と判断するためのコマの定義はあるのでしょうか？

そもそもコマとはどんなもの？

普通のコマといえば、回転させると一点で立ち上がり、回転が遅くなると倒れてしまうものです。本書の中では、このような、回転の効果を利用し、立ち上がるものを「コマ」と呼ぶことにします。言い換えると、回転が止まると、倒れるものということです。

また、同じように回転の効果を利用して、立ち上がる以外の特有の動きを示すものも数多くあります。例えば、竹とんぼやブーメランなどです。そのようなものも「コマの仲間」と呼ぶことができます。さらに、回転の効果を利用するのではなく、回転自身を楽しむものもあります。例えば、観覧車やかざぐるまなどです。そのようなものは「回転体」と呼ばれます。

コマのない文化は存在しないとも言われており、世界中にはありとあらゆるコマが存在します。コマという単語が示す範囲は文化に根付いており、決して科学的に定義されているものではないのです。

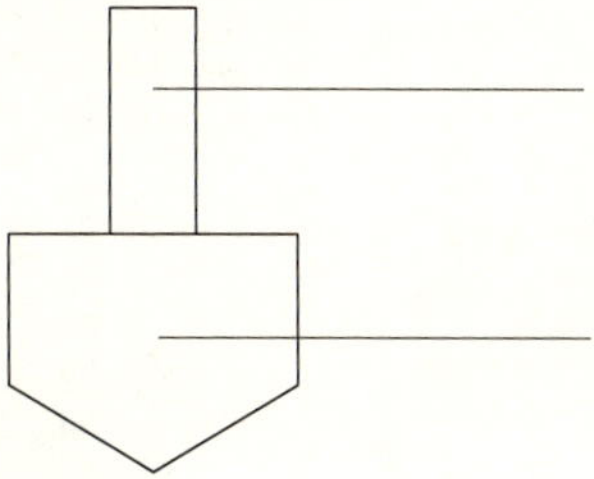

図1-1　コマの解剖図

コマの解剖学

人間の体をその外見だけから説明すると「腕」「脚」「体」「頭」からできていると言うことができます。

ではコマの体はどのような部分からできているのでしょうか？大きく分けると、コマは図１-１に示すように「軸」と「本体」からできています。本体の最下部には接地点、軸の上部には手やひもで回すための部分があります。コマの本体は軸よりもずっと広く、円盤のような形をしています。

コマに働く力はたったの3つ

ある物体がどのように動くかを知るには、その物体にどのような力が働いているかを知る必要があります。逆に、それ以外の情報は一切必要ありません。では、回転しているコマにどのような力が働いているか、すべて書き出してみましょう。

一般に力は大きく2種類に分けることができます。直接触れて働く力と、直接触れずに働く力です。

コマに直接触れて働く力をもれなく書き出すのは簡単です。コマが触れているものをすべて書き出してみればよいのです。回転しているコマの軸の先端は地面に触れています。するとまず、「地面からの力」がコマに働く1つ目の力として挙げられます。

では、コマの他の部分はどこに触れているでしょうか？　それは空気です。よって「空気からの力」がコマに働く2つ目の力として挙げられます。直接触れて働く力はこの2つ以外にはありません。

では直接触れずに働く力はどうでしょうか？　そもそものようなタイプの力は身近には3つしかありません。「磁力」と「静電気力」、そして「重力」です。

まずは磁力について考えてみましょう。コマの中には磁石にくっつく材質である鉄などでできているものもあります。しかしながら、通常は回転しているコマに磁石を近づけるということはしませんので、ここでは磁力は考えないことにしましょう。なお、そもそも磁石の起源は電子の一種のコマ運動であるスピンなのです。

次に、静電気力はどうでしょうか？　乾燥した冬の日に下敷きと頭を擦り合わせると、髪の毛が下敷きに吸い付きます。これが静電気力です。このとき下敷きにはマイナスの電気が、髪の毛にはプラスの電気がたまっています。そのプラスとマイナスが引き合って働く力が静電気力です。通常コマにはプラスやマイナスの電気はたまっておらず中性です。そのため、コマに働く静電気力は考える必要がありません。

最後に、重力はどうでしょうか？　重力には万有引力という別名があります。これはすべての物に働く引力という意味です。言うまでもありませんが、当然コマにも重力は働いています。軽いコマには弱い重力、重いコマには強い重力が働いています。

このように、磁力や静電気力は無視できるので、重力だけが直接触れずにコマに働く力になります。まとめると、「地面からの力」「空気からの力」「重力」の3つだけが回転しているコマに働く力です。

回転を生み出す力とは何か

では、それらの力はどのように回転するコマの運動に影響しているのでしょうか？　実は、力のうちで重要なのは「力のモーメント」と呼ばれる、回転させようとする成分だけなのです。それ以外の力は直接的な役割を果たしません。

ここではまず、水道の蛇口の例を考えてみましょう。水を出すときは蛇口を反時計回りにひねります。水を止めるときは時計回りにひねります。このように、当たり前のように回すという動作をしています。しかし、もし蛇口を回すのではなくギュッと握ったらどうなるでしょうか？

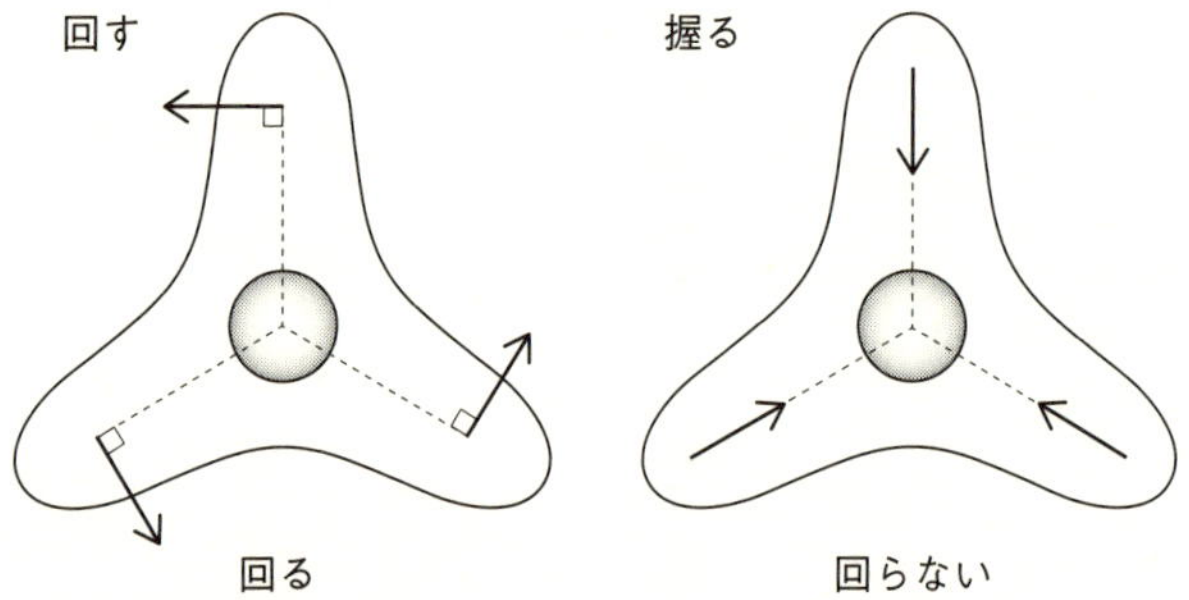

図1-2　水道の蛇口に働く力

きっとどんなに強く握っても蛇口は回らないと思います。これは当たり前のことですが、何がこの差を生むのかあらためて考えてみましょう。

図1－2のように、クルッと回すときの力の向きは、蛇口の回転軸から見て直角の方向になっています。一方でギュッと握ったときの力は回転軸から見て平行になっています。すると回転の軸から見て直角な力は回転を生む、平行な力は回転を生まない、と言うことができそうです。

このように回転を生む力のことを「力のモーメント」、または「トルク」と呼びます。実際には力の向きは中心軸から見て完全に直角か平行かの二択ではなく、連続的に変化することができます。この場合は力のうち直角な成分だけを取り出せばよいのです。

「力のモーメント」の大きさは回転軸から見てどの程度直角か、ということだけで決まるわけではありません。もう一つ重要な要素があります。今度はプラスドライバーを例として考えてみましょう。

なかなか回すことができないきついネジがあるとします。手元にプラスドライバーが2つあるとします。先端の形はどちらも同じですが、一つは持つところの半径が2ミリメートルぐらいの精密ドライバー、もう一つは半径2センチメートルぐらいの標準的なドライバーです。どちらのドライバーを使ったほうがネジを回しやすいでしょうか？

多くの方は大きな標準的なドライバーを選ぶと思います。ネジを回すためには「力のモーメント」が大きいことが重要です。実は「力のモーメント」は力のかかるところが回転軸から離れているほど強いのです。正確な言い方をすれば「力のモーメント」は力と軸からの距離の掛け算で決まります。精密ドライバーは半径2ミリメートル、標準ドライバーは半径2センチメートルでしたので、手で同じ力をかけても力のモーメントに10倍も差がでるのです。

まとめると、「力のモーメント」は、力が強いほど、力のかかる位置が回転軸から離れるほど、回転軸から見て直角なほど強くなるのです。

では、コマに働くそれぞれの力から回転成分である「力のモーメント」を抽出してみましょう。

地面からの力

まずは、コマに働く「地面からの力」について考えます。直接触れて目に見える力という点で

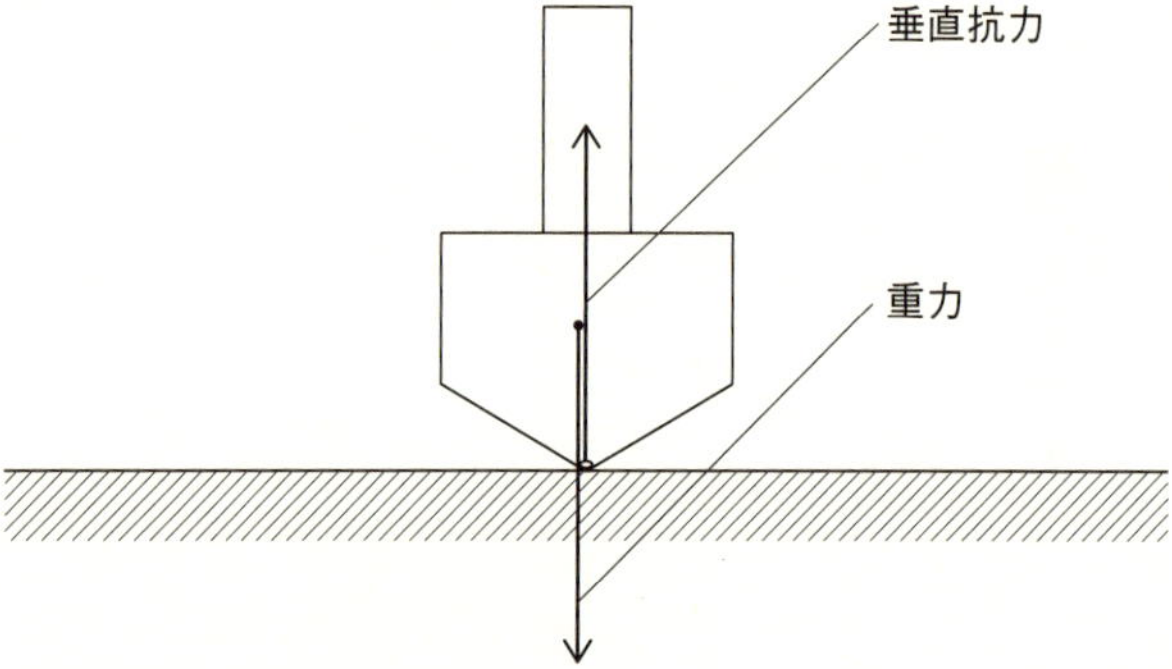

図1-3　コマに働く重力と垂直抗力

は最もわかりやすいものですが、接地点の形状の多様性まで考えると予想以上に複雑な力です。

コマには重力が下向きに働いています。そのため、何もしなければ地球の中心まで落下してしまいます。もちろん現実にはそうなりません。それは、下向きの重力を打ち消すように、上向きの「地面からの力」が働いているからです（図1－3）。このような力を「垂直抗力」と呼びます。「垂直抗力」が「重力」を打ち消すからコマは地面に乗っていられるのです。

では「垂直抗力」にはコマを回そうとする「力のモーメント」はあるのでしょうか？

「垂直抗力」がかかるコマの先端はコマの回転軸の中にありますから、コマを回転させる直角方向の「力のモーメント」は働きません。「垂直抗力」はコマの回転運動には直接寄与しないのです。なお、コマは地面から「垂直抗力」だけでなく「水平方向の力」も受けています。「水平方向

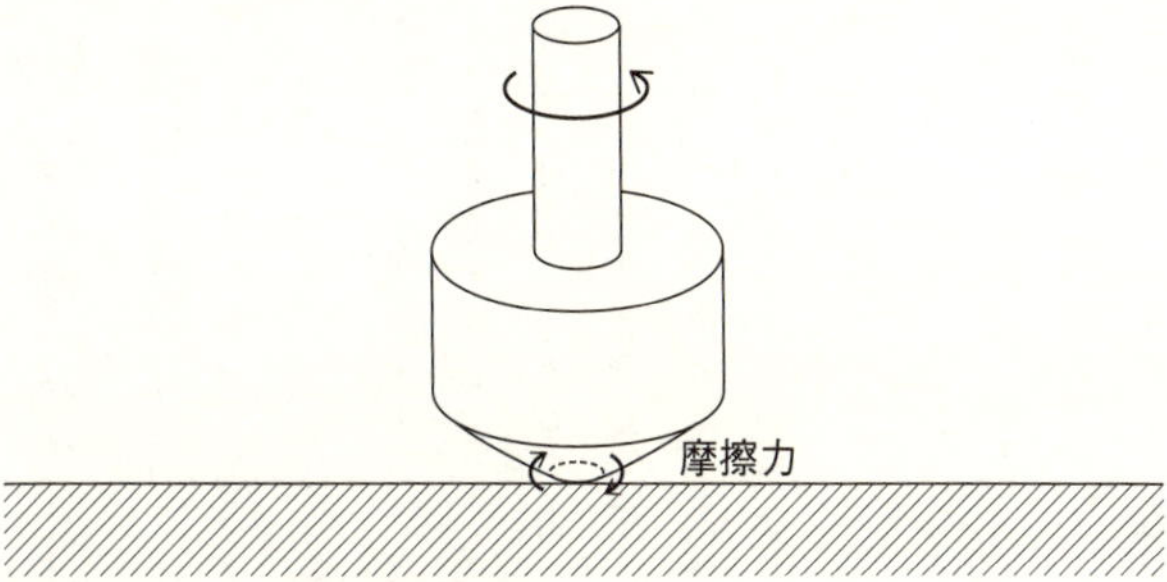

図1-4　コマの先端に働く摩擦力

の力」はコマの位置がずれないように固定する役目を果たしています。

ここまではコマの先端を点だと考えてきました。しかしながら、先端が原子1個ではコマの重さは支えられません。そこで、コマの先端を太さのある円とみなして、小さいながらも面積がある場合を考えてみましょう。すると、図１‐４のようにコマが回転したときに回転方向とは逆向きの「摩擦力」が働きます。

これは回転を遅くするような「力のモーメント」を生み出します。一言で言えば、地面との摩擦で回転が遅くなる、ということになります。摩擦力はコマが重いほど、先端の面積が大きいほど、摩擦の強い材質でできているほど強くなります。逆に、コマを軽く、先端を小さくし、テフロンのようなつるつるの材質で覆えば摩擦が減り、長い間回り続けることになります。

コマ解説ポイント❶　地面の摩擦を減らすには、コマを軽く、先端を小さく、つるつるに！

空気からの力――「圧力」と「浮力」

次に「空気からの力」について考えましょう。空気は自由自在に変形する気体ですからどのような力が働くのか一筋縄ではわかりません。

地球の大気は、地球の重力によって常に下に引っ張られています。空気は1立方センチメートルあたり約0・001グラムの重さしかありませんが、我々の頭上には約100キロメートル分も大気が乗っています。そのため、塵も積もれば山となるではありませんが、地上では大体1平方センチメートルあたり、1キログラムの力がかかっています。これがいわゆる大気圧です。

これは相当大きな力です。わかりやすく言えば、体重70キログラムの成人男性が片足であなたの顔面の上に立っているほどの「圧力」になります。それも顔だけではなく、大体200人ぐらいの成人男性が首やおなか、手足など、あなたの体のすべての場所に片足で立って体重をかけている状態です。

この「圧力」は図1‐5のように上下左右のあらゆる方向からかかっています。そうすると、すべての方向の「圧力」はプラスマイナスゼロになり、打ち消しあってしまいます。ですので、物体を移動させる力や、ましてや回転させる「力のモーメント」には全くなりません。ただただ物体をギュッと圧縮するだけの力です。

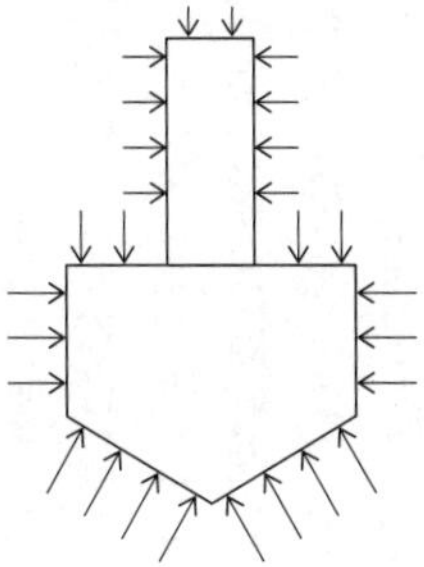

図1-5　コマに働く大気圧

ただし、どのような物体も上面にかかる下向きの圧力より、下面にかかる上向きの圧力のほうがわずかに大きくなっています。なぜなら大気圧は標高が高いほど低くなるからです。そのため、プラスマイナスでゼロにはならずに、わずかに下面に働く上向きの力が大きくなります。これがいわゆる「浮力」の正体です。

具体的な計算をすると、ちょうどその物体が押しのけた大気の重さ分だけ浮力が働くことがわかります。これをアルキメデスの原理と呼びます。空気中での浮力と言うとなじみがありませんが、水中では人間の体が浮くほどの浮力を感じます。

手のひらに乗るようなサイズのコマの体積は10立方センチメートル程度です。そこに空気中で働く浮力はたったの10ミリグラムとなります。典型的なコマの重さが100グラムぐらいですから、割合を計算すると10ミリグラム／100グラム＝0・01パーセントだけ浮力によって軽くなっているのです。

さんざん空気からの力について考えた結果、結局すべて無視できるということになりました。でも、計算した意味がなかったなんて考えてはいけません。口だけで浮力なんてないと言い張るのと、浮力は0・01パーセントなので無視できることが明らかになった、というのは科学的には大違いなのです。

空気からの力──「空気抵抗」

ここまでは、止まっているコマにも働く「空気による力」を考えてきました。ここからは回転しているコマのみに働く「空気による力」を考えます。それは「空気抵抗」です。

自転車に乗っているときのことを考えてみましょう。止まっているときの空気抵抗はゼロです（ただし浮力は働いています）。ゆっくりと時速10キロメートルで走っているときはそよ風程度の空気抵抗を感じます。力を入れて時速20キロメートルまで速度を上げるとかなりの空気抵抗を感じます。全速力で時速30キロメートルまで上げるとこれ以上加速できないほどの強い空気抵抗を感じます。

このように、空気抵抗は速さによって大きさが決まる力で、速ければ速いほど大きくなります。より正確にはこのような空気抵抗は「慣性抵抗」と呼ばれ、速さの2乗に比例して急速に大きくなります。自転車を全力でこいでも時速30キロメートル程度で頭打ちになる原因は、空気抵抗が自転車をこぐ力と釣り合うまで大きくなってしまうからなのです。

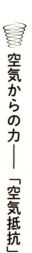

空気抵抗を決めるもう一つの要素は断面積です。断面積というのは進行方向から見たときの面積のことです。自転車でスピードを出すときに、体を屈めて小さくなると思います。これは空気が体に当たる断面積を減らすことで空気抵抗を減らしているのです。また、同じ断面積であれば、壁のような形より流線形のほうが空気抵抗は小さくなります。例えば、時速100キロメートル程度の普通の電車の先頭車両は四角い壁のようになっていますが、時速300キロメートルにもなる新幹線は流線形になっています。

ではコマに働く空気抵抗を考えてみましょう。コマは回転していますので、「空気抵抗」を考えるときの断面積はコマの凹凸になります。図1-6のような3つのコマのデザインを考えてみましょう。1つ目は角ばったギアのようなコマ、2つ目はギアを丸めたようなコマ、3つ目は完全に円形のコマです。

1つ目のコマは空気がギアの凹凸にぶつかるため、最も空気抵抗が大きくなります。2つ目は流線形の形状をしていますので空気抵抗がだいぶ軽減されます。3つ目は空気がぶつかるところがないため、空気抵抗はゼロになります（ただし、空気の粘性があるため、別の種類の空気抵抗が生じます。水中でコマを回すとすぐに止まってしまうのは粘性がとても強いからです）。このように、空気抵抗を減らすにはコマを円形に近づければよいのです。持ち手のところにはコマを回しやすいように凹凸加工が施されているコマが多いですが、これも必要最低限にすることで空

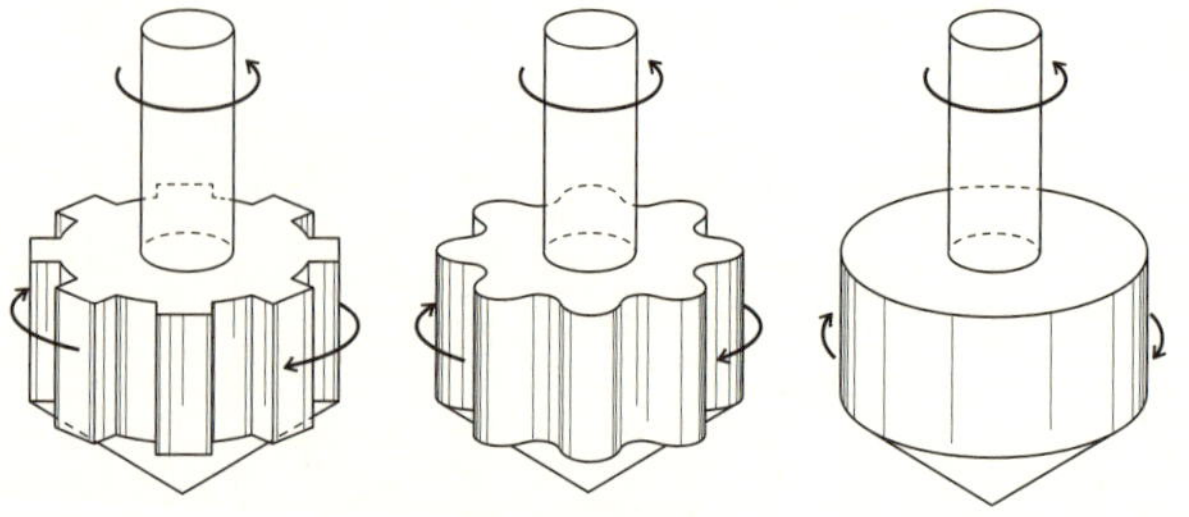

図1-6　コマに働く空気抵抗

気抵抗を軽減できます。
ひとたび空気抵抗が生じれば、力の向きは常に回転方向の逆向きですので、これはコマの回転を止めようとする「力のモーメント」になります。空気抵抗は速いほど大きくなりますので、高速回転するコマほど空気抵抗を減らすことは重要です。空気抵抗は百害あって一利なし、とにかく減らしたほうがコマは長く回り続けるのです。ただし、勝敗や強弱がすべてではありません。デザインを優先してアクロバティックな装飾を施したコマも数多くあります。

コマ解説ポイント❷　空気抵抗を減らすには、コマの凹凸をなくし、軸対称に！

地球からの力——「重力」

最後に「重力」について考えます。まず、重力がどのような力かを考えてみましょう。身近な例では地球が我々を下方向に引く力があります。月が地球の周りを公転するのも、地球が太陽の周りを公転するのも重力のおかげです。

ニュートンは重さのあるすべての物体の間に引力が働くことを発見しました。重力は重たければ重たいほど強く、近ければ近いほど強くなるという万有引力の法則を見出し、これまで別世界と考えられていた天体の運動と地球上の運動が同じ物理法則で説明できることを示しました。アインシュタインはニュートンの万有引力の法則をさらに推し進め一般相対性理論を完成させます。

では、重力はコマにどのような影響を及ぼすのでしょうか？　重力はコマのすべての部分に一斉に働く力です。コマの本体はもちろん、軸にも先端にも中身にも外側にも、コマを構成するすべての原子に重力は働きます。このような無数の重力を考えるのはとても厄介です。しかし、大変便利なことに、コマのように変形しない物体であれば、図1‐7のように「重力」はその重心の一点に集中して働いていると考えてよいことがわかっています。

では重心にかかる重力による「力のモーメント」はあるのでしょうか？　コマが垂直に立っているときは「重力」による「力のモーメント」はゼロになります。「重力」の向きが回転軸のほうを向いてしまっており、回転させる力になっていないからです。

図1‐8のように10度ほど右に傾いたコマの場合はどうでしょうか？　「重力」は同じく重心

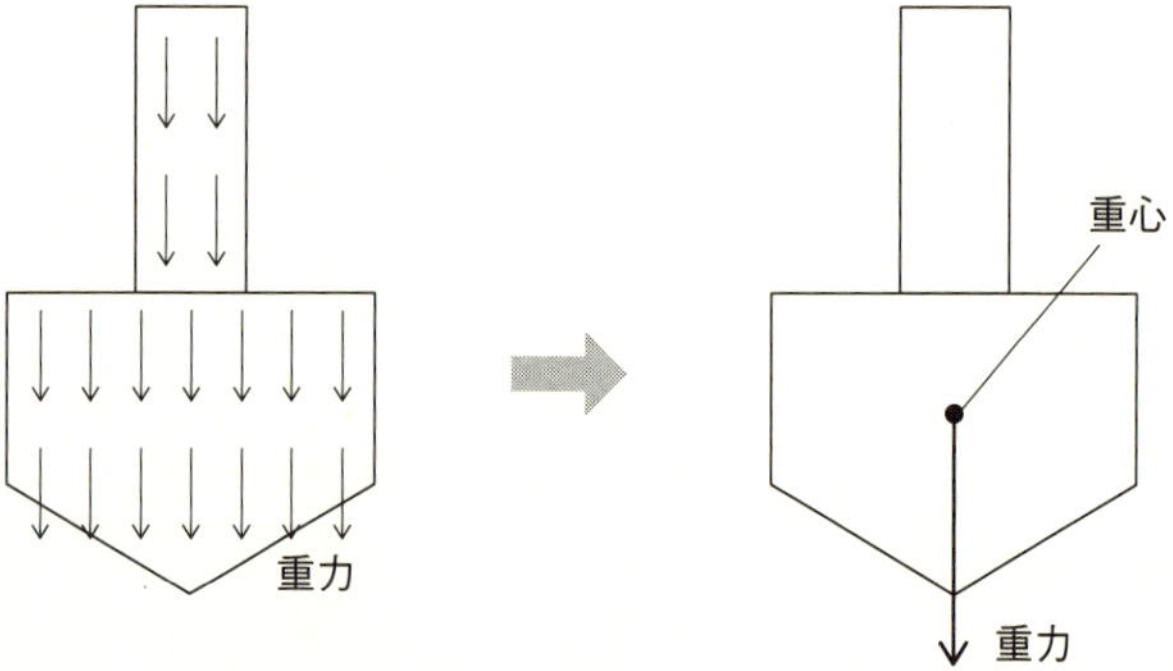

図1-7　コマに働く重力

に対して真下に働きますが、コマの先端から見ると10度ほど角度をもって働いていることになります。すると、右に倒そうとする「力のモーメント」が発生します。さらに、20度ほど傾いたコマでは、さらに大きな右に倒そうとする「力のモーメント」が発生します。

このように、重力によりコマを倒そうとする「力のモーメント」が働き、その大きさはコマが傾けば傾くほどより大きくなります。また、重心が高いコマほど大きくなります。

コマ解説ポイント❸　重力で倒れないように、低重心に！

コマを回し始める「手で回す力」

ここまで、コマに働く力は3つしかないと述べました。「地面からの力」「空気からの力」「重力」の3つです。し

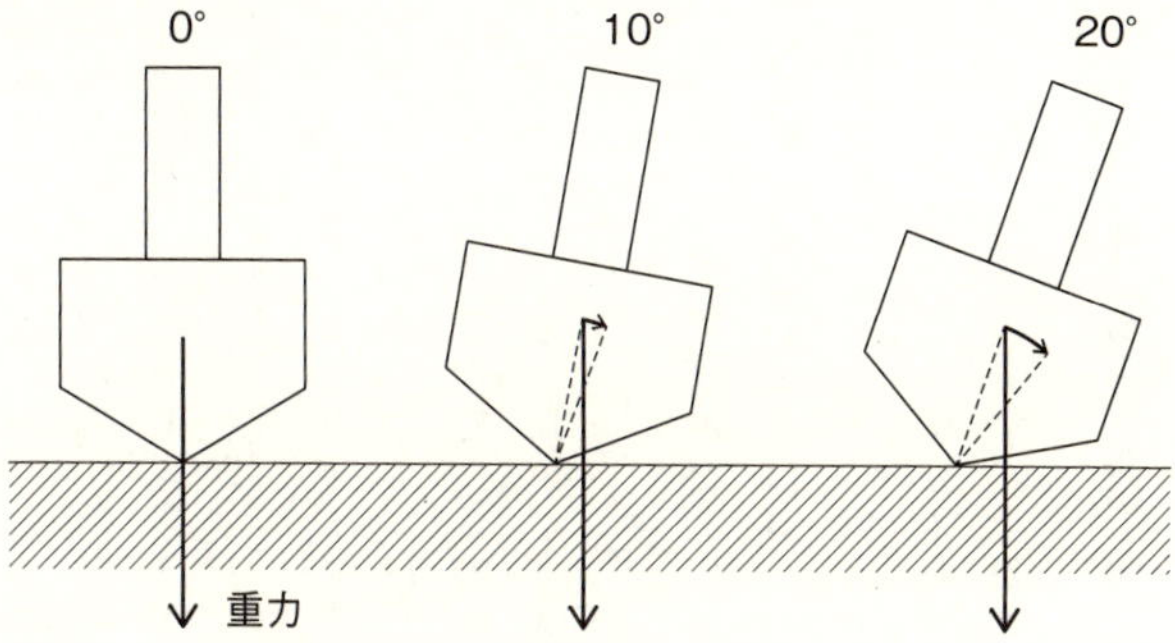

図1-8　コマの傾きと重力による力のモーメント

かし、これはすでに回転しているコマについてのことでした。最初にコマを回し始めるときには「手で回す力」が必要です。

コマを回す方法としてよく知られているものが２つあります。一つは手の指でコマの軸をひねって回す方法で、ひねりコマと呼ばれています。もう一つはひもを巻き付けて引っ張って回す方法です。ベーゴマや日本の伝統的なコマもひもを使うため、コマと言うと後者を思い浮かべる人が多いかもしれません。最近のおもちゃには、ベイブレードのようにラチェット機構を使って引っ張るだけでコマを勢いよく回す仕組みや、バネに力をためてロックし、ボタン一つで勢いよくコマを回す射出機のような仕組みもあります。この本では道具を必要としない最も簡単なひねりコマを例として話を進めていきます。

この「手で回す力」は「力のモーメント」そのものです。軸の直径が０・５センチメートルの軸の細いコマと、軸の直径が1センチメートルの軸の太いコマを考えてみましょう。本体は全く同じとします。「力のモーメント」は力と軸からの距離の掛け算でしたので、同じ指の力でひねったとき、軸の太いコマは2倍の「力のモーメント」を受けます。ここで「回転の運動方程式」という物理の公式を用いると、軸の回転速度は「力のモーメント」に比例して加速されることがわかります。すなわち、軸の太いコマは回転速度が2倍の勢いで上昇していきます。

では、軸の太いコマのほうが有利なのでしょうか？　実はそうとも限りません。軸の太いコマは直径も2倍なので長さの限られた指の腹でコマを回すと1回転程度しかひねることができません。一方で、軸の細いコマは2倍長い時間はかかりますが、2回転程度ひねることができます。すると、「力のモーメント」は軸の太いコマが2倍ですが、力をかけられる時間は軸の細いコマが2倍ですので、最終的に得られるコマの回転速度は全く同じになってしまうのです。意外にも物理的には軸の太さはコマの勢いには関係ないのです。

しかしながら、実際はそんなに簡単には行きません。そもそも、人の手で回す場合には、軸の太さや面積によってかけられる力は変わります。また、ひねるスピードにも限界があります。そのため、実際のコマ同士の戦いでは軸の太さは極めて重要な要素になります。

コマ解説ポイント4　軸の太いコマは太く短く、軸の細いコマは細く長く回せ！

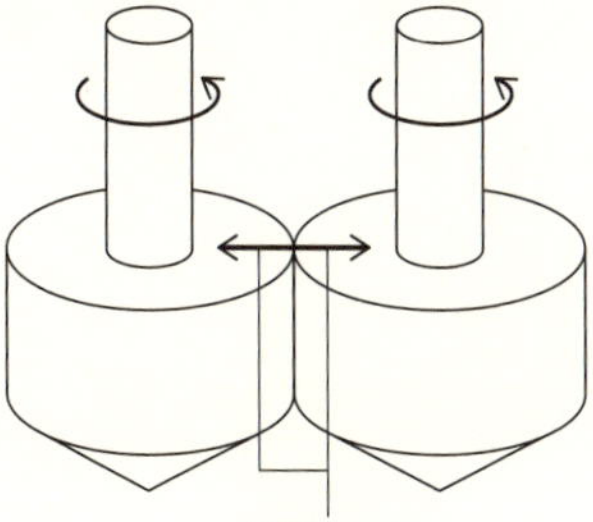

図1-9　コマが衝突したときに受ける垂直抗力

戦うコマが受ける「相手のコマからの力」

戦うコマだけが受ける重要な力がもう一つあります。それは「相手のコマからの力」です。図1－9のように、左回りに回転する2つの円柱状のコマがすり鉢状の土俵の中で衝突した瞬間を考えてみましょう。

まずは状況を単純にするために摩擦のないつるつるのコマの場合を考えてみます。このとき2つのコマの間にはお互いの側面に「垂直抗力」が瞬間的に働きます。これによってお互いのコマははじきあいますが、野球のボールを地面に落としたときのようにお互いに数回バウンドして落ち着きます。それは、衝突のエネルギーの一部が変形や音のエネルギーに使われるため、衝突するたびに反発のスピードが遅くなるからです。この「垂直抗力」による「力のモーメント」はゼロです。回転方向にかかる力ではないためです。

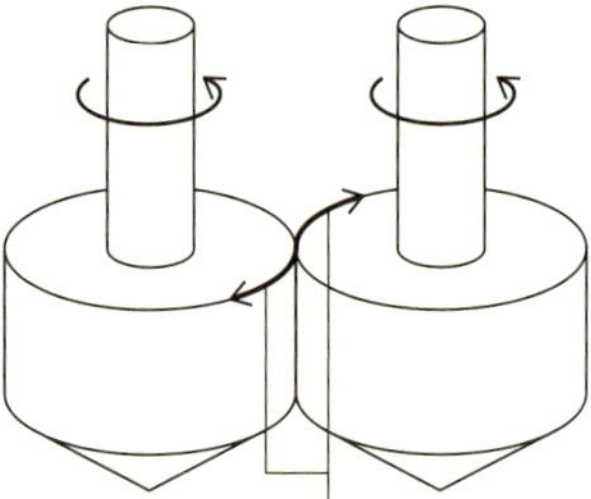

図1-10　コマが接しているときに受ける摩擦力

では、もう少し現実的な摩擦のあるコマを考えてみましょう。このときには、「垂直抗力」だけではなくお互いの回転方向に逆向きに働く「摩擦力」が余計に働きます。コマの勢いがあるうちはお互いに強く反発し、いつまでたっても衝突を繰り返して落ち着かない場合もあります。ここでは、しばらくしてすり鉢状の土俵の中でコマの衝突が落ち着き、回転しながらスリスリと接している場合を考えてみましょう。このとき、「摩擦力」はコマの回転方向逆向きに働きますので「力のモーメント」に１００パーセント寄与します（図１－10）。そのため、コマの回転をどんどん減速させて最後には回転を止めてしまいます。

２つのコマの間には方向が反対で大きさが等しい摩擦力が働きます。ここで、直径も形も同じで、同じ回転速度で回転しているが、コマの密度が2倍異なり、「回転の勢い」が2倍異なるコマが接している場合を考えます。直径が等しいためお互いが同じ大きさの力のモーメントを受け続けます。そのため、回転の勢いの2倍大きいコマが生き残ります。勢いのあるコマのほうが生き残るのは直感に合っています。

ここまで、通常の摩擦力を考えてきましたが、中には粘着物やフックなど非常に強い摩擦力を生み出す材質もあります。このような強い摩擦力を持つコマの場合は、衝突した瞬間に通常の何十倍もの摩擦力が働き、相手のコマを土俵の外に吹き飛ばすことが可能です。このようなよりバトルに即したコマについては第4章で詳しく述べましょう。

第2章 コマはなぜ倒れないのか？

コマが人々を魅了する理由は何でしょうか？　それは、回すことで倒れないという不思議な動きをするからだと思います。この章では「コマはなぜ倒れないのか？」という問いに、物理の力を借りてわかりやすく答えます。

コマは急に止まれない

「車は急に止まれない」という標語を聞いたことがある人は多いでしょう。歩行者が急に道路に飛び出して、車の運転手がそれに気がついて即座にブレーキを踏んだとしても、車は急には止まれないためそのまま衝突してしまうので注意しましょう、という意味です。この標語は物理的には「運動量保存の法則」と呼ばれるものに対応しています。

ここで言う「運動量」とは「速度」×「質量」で表される量で「運動の勢い」を表しています。例えば、10キログラムの荷物を載せた台車と、20キログラムの荷物を載せた台車が同じ速度で動いていたら、20キログラムのほうが「運動の勢い」は大きい気がします。あるいは、同じ重さの台車であれば、速度が速いほうが「運動の勢い」は大きいはずです。これを数式で表したものが「運動量」です。そして物体のもつ「運動量」は他の何かから力を受けない限り、ずっと変わらないという性質があります。これが「運動量保存の法則」です。

さきほどの標語に加えて「車は急に曲がれない」という新標語を提唱することができます。車は急に止まれなくても、減速せずに急にハンドルを切って歩行者を避ければよい、と考える人がいるかもしれません。しかしそれもできないのです。「運動量保存の法則」は、「運動量」の大きさだけではなく、向きも含めて変わりませんよという意味です。

それでは、「回転の勢い」というものはどのように表せばよいでしょうか？　直線運動の場合は「運動量」が運動の勢いを表していました。回転の場合は「角運動量」と呼ばれる量が「回転の勢い」を表しています。「角運動量」は「角速度」×「慣性モーメント」によって表されます。

ここで登場した「角速度」とは、どれくらいの速度で回転しているかを表す量です。コマの場合には「１分間あたり○○回転という回転速度」＝「角速度」だと考えて問題ありません。

もう一つの「慣性モーメント」とは、回しにくさの度合いだと思ってください。軽い木のコマはクルックルッと簡単に回すことができますが、やや重い石のコマはグルグルと少し回すのが難しいはずです。ズッシリ重たい鉄のコマはグルングルンと回すのはかなり大変で、もはや指で回すのは難しいかもしれません。このように、同じ形であれば密度の高いコマ、すなわち重たいコマのほうが回すのが難しいのは直感的にすぐにわかると思います。この回す難しさのことを「慣性モーメント」と言います。同じ形でも「質量」が大きいほうが「慣性モーメント」が大きいのです。

より定量的には同じ形で一様な材料でできていれば「慣性モーメント」は「質量」に比例しま

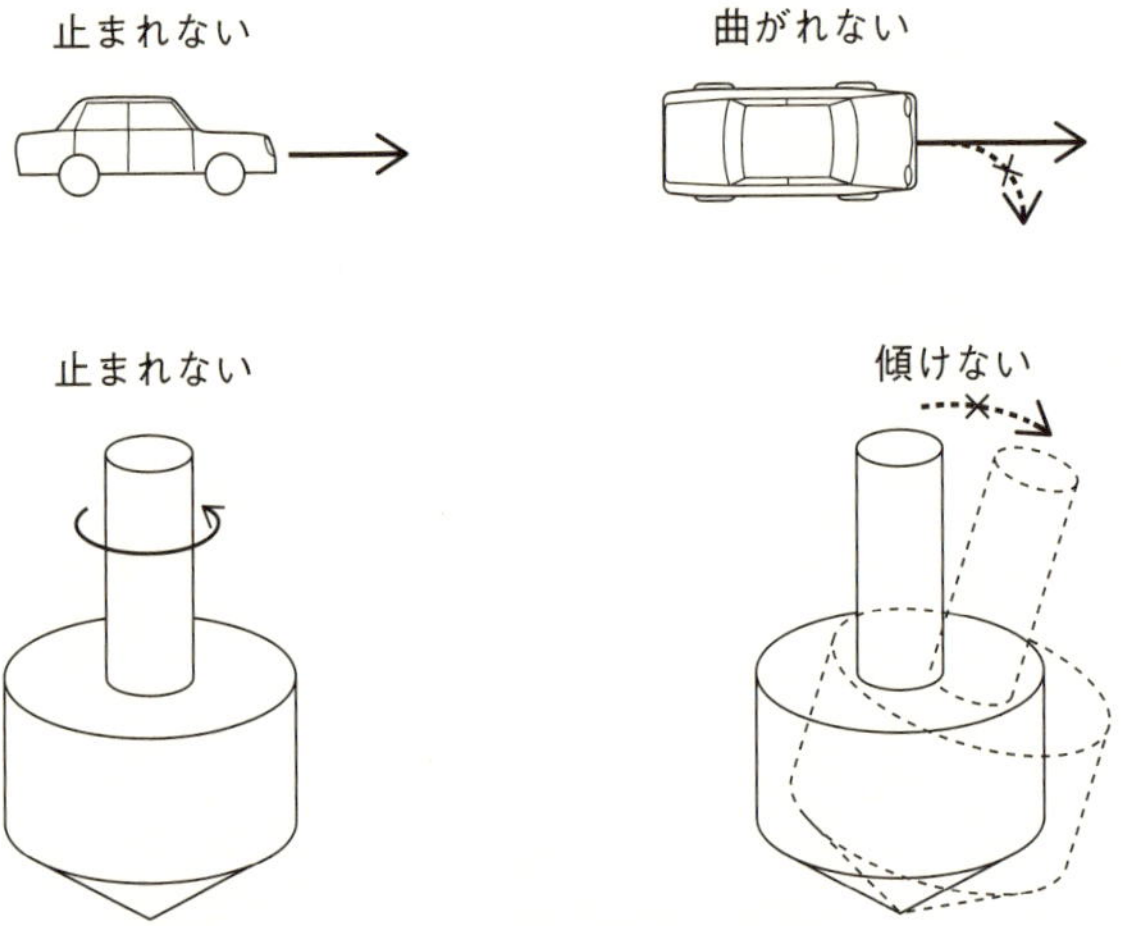

図2-1　運動量保存の法則と角運動量保存の法則

す。詳しい解説は付録の「回転する物体の物理」にまとめましたので、余力のある方はぜひチャレンジしてみてください。

そして、この「角運動量」も何らかの力が加わらない限り、ずっと不変に保たれるのです。これを「角運動量保存の法則」と言います。

コマはなぜ倒れないのか？

垂直になって回転しているコマを考えてみましょう。このコマに働く力は重力と垂直抗力、そして空気抵抗です。垂直になっているため、重力と垂直抗力は打ち消し合います。そして、空気抵抗は小さいものと考えられます。したがって、角運動量保存の法則が成り立ち、コマはずっと回り続けることになります。

このコマの回転の勢い（角運動量）の大きさ

と向きは何らかの事情がない限り一定に保たれるため、コマの回転速度（角速度）は高速に保たれ、回転軸も垂直のままぶれません。この現象は別名、ジャイロの剛性、方向保持性などと呼ばれています。このようなコマは、模様がなければまるで止まっているように見えるため、「ねむりゴマ」とも呼ばれています。

このように、垂直に立っているコマについては「角運動量保存の法則」だけでも十分コマが倒れない理由になります。また、無重力空間で回っているコマについても「角運動量保存の法則」のため、回転軸はずっと同じ方向を向き続けて〝倒れる〟ことはありません。

コマ解説ポイント❺　コマが倒れない1つ目の理由は、角運動量保存の法則！

回転軸を回転させる？

しかし、これだけではコマが倒れない十分な理由にはなりません。「角運動量保存の法則」は外部から力が働いていないときに成り立つ法則ですが、傾いているコマには重力による「力のモーメント」が働くため、普通であればそのまま倒れてしまいます。ですが、実際のコマは図2－2のようにコマの軸の向きがゆっくりと水平に回転します。このような運動を歳差運動、英語で

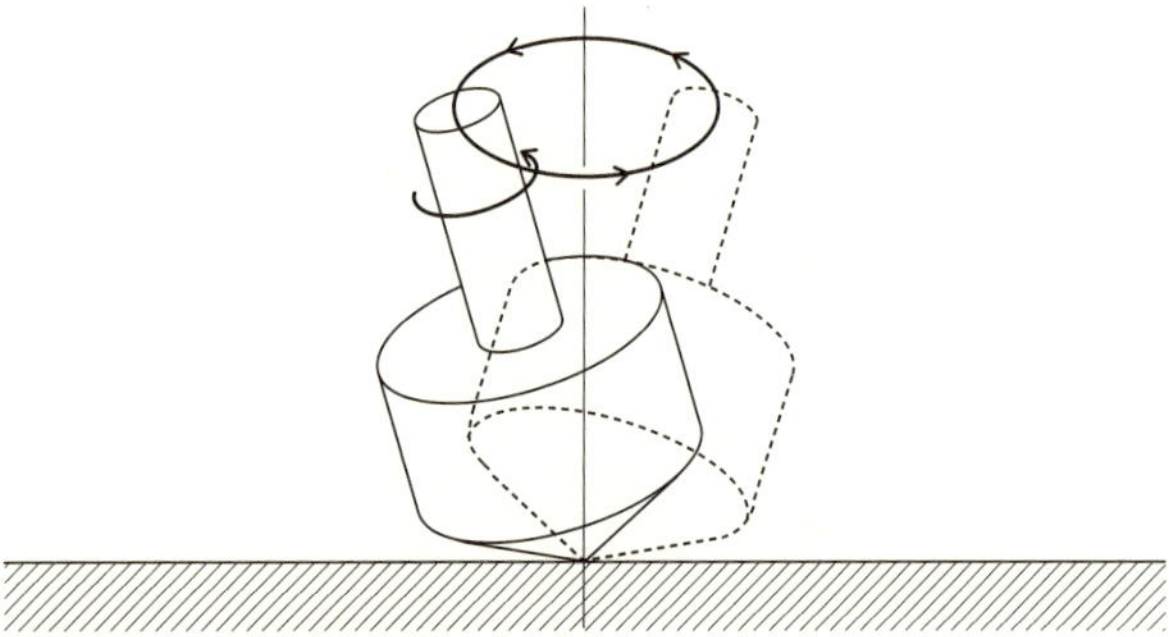

図2-2　コマの歳差運動

はプリセッションと呼びます。首ふり運動、みそすり運動と呼ばれることもあります。コマで遊んだことのある方であれば誰しもが見たことのある動きです。

では、なぜコマは重力による「力のモーメント」に逆らって、倒れないのでしょうか？　この謎を解くために状況を少し一般化してみましょう。

コマの回転の軸は垂直方向を向いています。一方で重力による「力のモーメント」は回転軸を倒す向きに働きます。つまり、回転軸を別の向きに回転させようとしたらどうなるのかを考えれば答えが見えてきそうです。

ここで、再び車の直線運動の例を考えてみましょう。東向きに進んでいる車に西向きの力を加え続けると、減速していずれ止まってしまうでしょう。これと同じように、左に回っているコマに右回りの力のモーメントを加え続けると、減速していずれ止まってしまいます。これらは、直線運動と同じく、回転運動でも大きさの足し算ができることを示していま

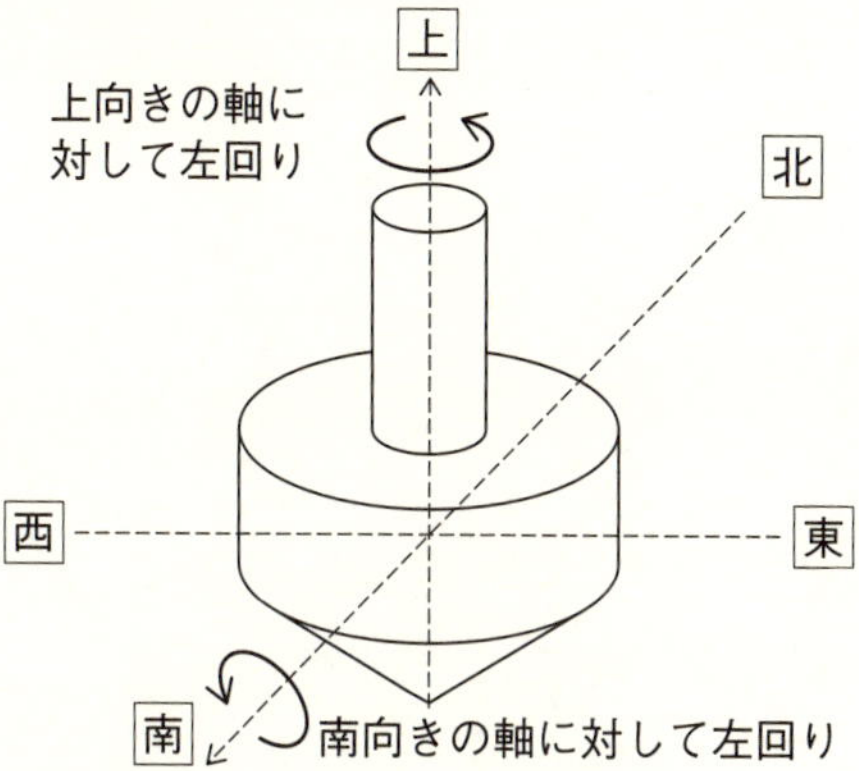

図2-3　南向きの軸に対して左回りの力のモーメント

す。

では、東向きに進んでいる車に、今度は北向きの力を加え続けたらどうなるでしょうか？　車は進行方向を変えて、いずれ北東のほうに進むでしょう。これと同じように、軸を上向きにして左に回っているコマに、今度は南向きの軸に対して左回りの力のモーメント（図２－３）を加え続けるとどうなるでしょうか？直線運動と同じく、回転運動も向きの足し算ができるため、「上向き」と「南向き」を足し算した「上南向き」にコマは軸の向きを変えることになります。

このことを、実際のコマの状況に当てはめてみましょう。左回りに回転し、少し左に傾いたコマを考えてみます（図２－４）。このときコマの回転軸は少し左に傾いた上向きの矢印で表されます。また、重力により左に傾ける力のモーメントが働き、その回転軸の向きは手前を向いています。ここで回転運動の足し算を

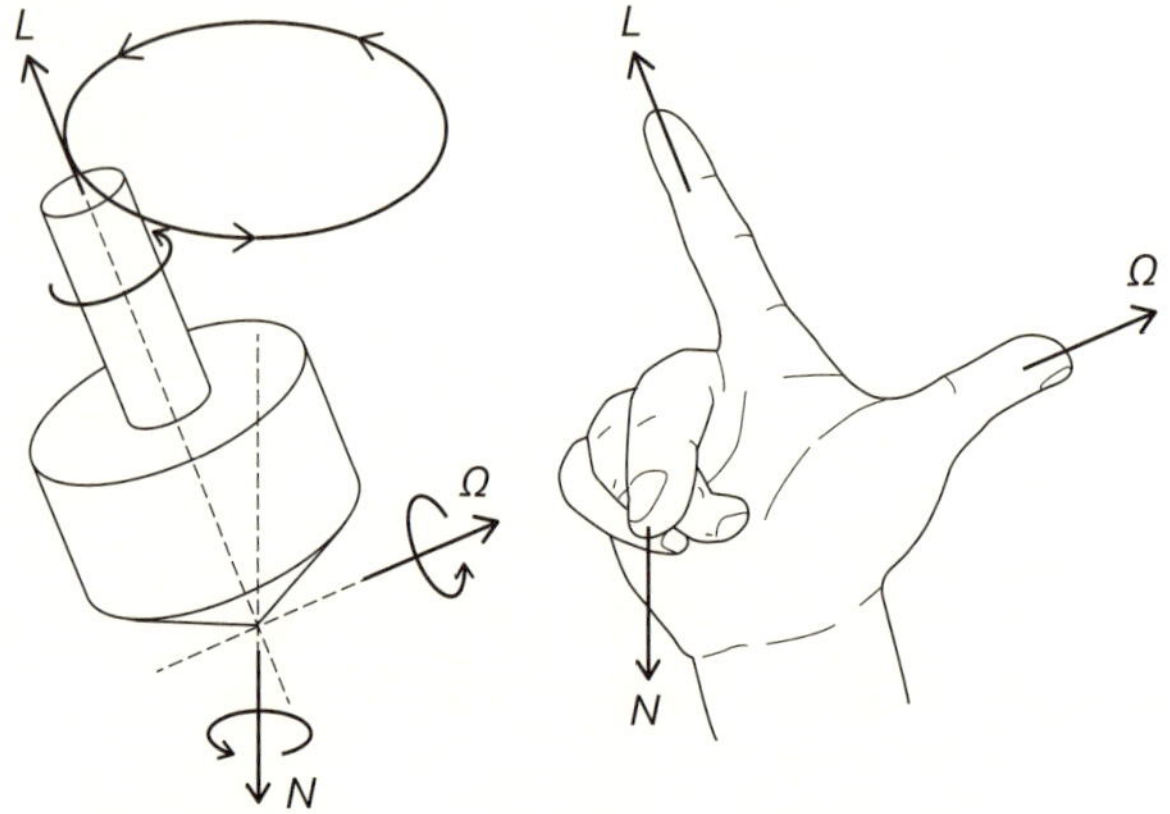

$$\Omega \times L = N$$

図2-4　歳差運動の式

考えると、上向きで少し左に傾いて回っていたコマの回転軸は、手前のほうに傾いて左手前向きになるのです。

ここで、面白いことに気が付きます。回転軸の向きが左手前に変わったということは、重力による力のモーメントもコマを左手前に傾ける向きに変わっているのです。すると、角度のところだけ変えて、先ほどと全く同じ説明を繰り返すことができます。すなわち、左回りに回転し、少し左手前に傾いたコマを考えてみます。このときコマの回転軸は少し左手前に傾いた上向きの矢印で表されま

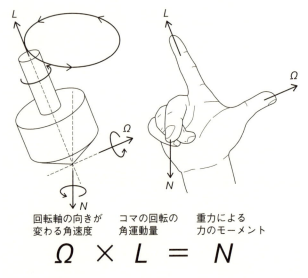

す。また、重力により左手前に傾ける力のモーメントが働き、その回転軸の向きは右手前を向いています。ということは、上向きで少し左手前に傾いて回っていたコマの回転軸は、右手前のほうに傾いて、手前向きになるのです。

このようにして、コマの回転軸が変わると、重力による力のモーメントの回転軸も一緒に変わる、ということを繰り返します。すると、コマの回転軸が左回りに円を描くように変わり続けます。これがコマの歳差運動と呼ばれるもので、コマが倒れないで回り続ける真の理由です。このような効果はジャイロ効果とも呼ばれています。目の前に吊るされたニンジンを追いかけ続けるロバを模して、さながら左目に吊るされたニンジンを追いかけて左回転を続けるロバのようです。

以上の説明から、歳差運動の回転方向は、コマの回転方向と同じ（今回の例では左回り）であることもわかりました。コマの回転は人間の目には速すぎるため、その回転方向を知るのは難しい場合があります。そのような場合は歳差運動の回転方向を見ればよいのです。

コマ解説ポイント❻　コマが倒れない２つ目の理由は、ジャイロ効果による歳差運動！

コマ解説ポイント❼　コマの回転方向を知りたければ、歳差運動の回転方向を見よ！

回転が遅くなると歳差運動は速くなる

コマの回転が速いほど、歳差運動の回転の速さは遅くなります。なぜなら、回転の速いコマほど回転軸の向きを変えにくいからです。回しはじめは勢いよく回転しているので、ゆっくりと歳差運動していています。しかし、回転が遅くなると、速く歳差運動をするようになります。コマの回転速度が徐々に遅くなり、コマが倒れそうになるにつれて、歳差運動がどんどん速くなっていく様子を見たことがある方も多いと思います。

この関係は回転中のコマの様子を把握するうえでも重要です。通常コマは1秒間に30回転程度の高速回転をしており、そもそも多くのコマはきれいな軸対称で回転がわかりにくいため、人間の目で回転数やその変化を見極めるのは困難です。一方で、歳差運動の角速度はおよそ1秒に1回程度のゆっくりしたもので、なおかつ軸の大きな動きであるため、人間の目でも簡単に回転を追うことができます。すなわち、あるコマの回転速度の減少の程度を知るには、歳差運動の回転速度の増加の程度に注目すればよいのです。

なお、少し意外ですが、歳差運動の回転の速さは、コマの傾きの角度には関係ありません。一見すると、コマの傾きが大きいほど重力による力のモーメントは大きくなりますから、その分だけ歳差運動が速くなる気がします。しかし、コマの傾きが大きいほど歳差運動に必要なコマの回転軸の変化も大きくなりますので、ちょうどその効果がお互いに相殺するのです。コマはどんなに傾いても同じ角速度で歳差運動をするのです。

以上の話を一本の数式と右手で表したのが、図２－４の式（$\Omega \times L = N$）になります。この数式の導出には大学レベルの物理の知識が必要ですが、その解釈には高校レベルの数学で十分です。歳差運動の回転方向がコマの回転運動と一致すること、歳差運動の回転の速さがコマの回転速度に反比例すること、コマの傾きには関係ないこと、がすべて含まれています。ここではその結果だけ覚えてもらえれば大丈夫です。

コマ解説ポイント❽　コマの歳差運動が速くなったら、コマの回転速度が遅くなった合図！

コマは自然にまっすぐに立ち上がる

ここまで、コマがいかに倒れないかを説明してきました。実は、コマは単に受動的に倒れないというだけではなく、能動的に自らまっすぐ立ち上がる能力があるのです。最初は傾いて歳差運動をしていたコマが、徐々にまっすぐ立ち上がっていく様子を見たことがある人は多いと思います。だるまのような理屈で立ち上がっているわけではありません。やはり、コマの回転にその答

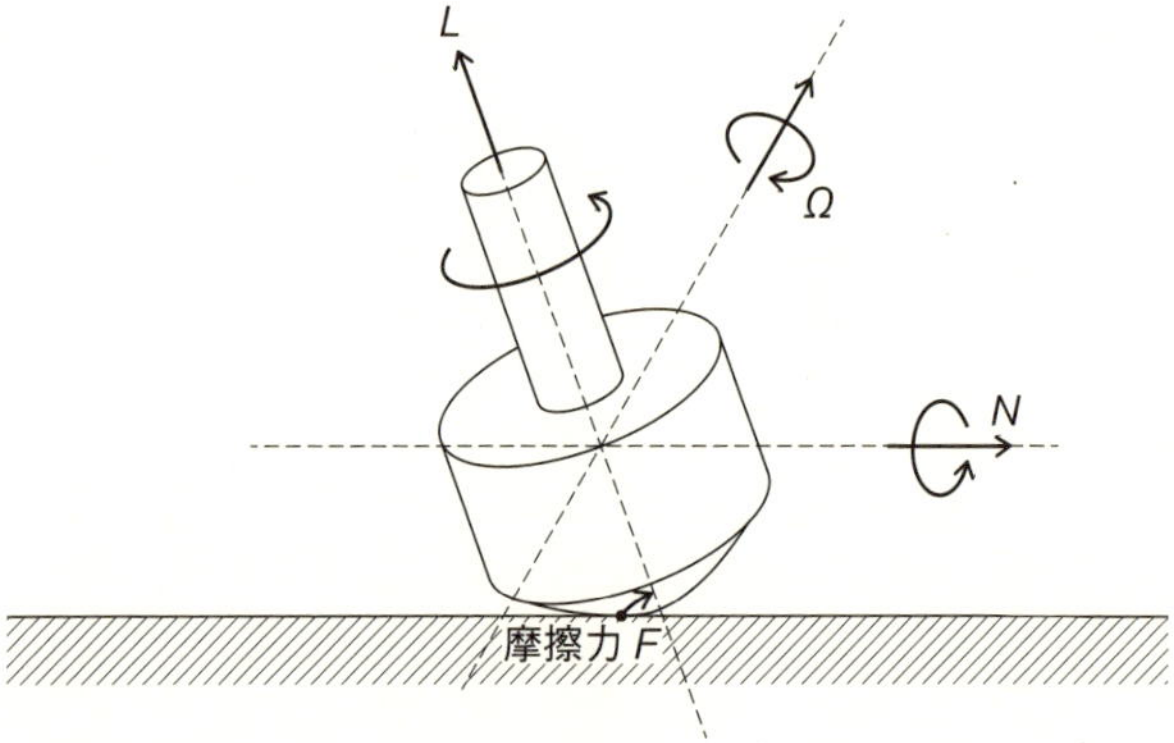

図2-5　コマを立ち上がらせるしくみ

えがあります。

なぜコマが自然にまっすぐ立ち上がるのでしょうか？　反時計回りに回転するコマが、ある瞬間に左に傾いています。ここまではお馴染みの設定ですが、ここでコマの先端が完全な点ではなく図2－5のように大きさを持った面になっているとします。すべてのコマの先端はわずかながら丸みを帯びていますので、この設定はむしろ自然です。

すると、コマの回転軸よりも少しだけずれた部分が地面に接することになります。この接地点はコマの回転に逆らう方向、すなわち紙面に垂直で向こう側方向に摩擦力Fを働かせています。

この摩擦力はコマの重心からずれたところにかかっているため、その力のモーメントが生まれます。力のモーメントがあれば、先ほど登場した歳差運動の式によってコマの回転軸の方向が変化します。力のモーメントの向きと歳差運動の向きの関係は図２－５のようになり、左に傾いたコマを立ち上がらせる向きに回転するのです。

ここではコマが左に傾いている瞬間を考えましたが、重力による歳差運動でコマが傾く向きが回転しても、それにともなって摩擦力の向きも回転しますので、常にコマが立ち上がる向きに力が向いていることになります。よって、重力による歳差運動と摩擦による立ち上がりが合わさって、らせんを描くようにしてコマが立ち上がることになります。ひとたび垂直に立ち上がると摩擦力Fは総和としてゼロになるので、立ち上がりの運動は終わります。

立ち上がりの角速度の大きさを計算すると摩擦力が大きいほど立ち上がりの速さが大きくなります。実際に摩擦の少ないガラスの上よりも適度に摩擦のある紙の上で回したほうがより速く立ち上がります。また、先端の直径がある程度大きいと摩擦力が得られやすくなり立ち上がりが速くなります。逆に、先端を針のように尖らせると摩擦力が得られなくなり、立ち上がることなくいつまでたっても歳差運動を続けます。

また、接地する部分からコマの重心までの距離が長いほど立ち上がりは速くなります。大雑把に言うと重心の高いコマほど速く立ち上がるということです。これはやや奇妙に感じますが、重心まで距離があるほど摩擦による力のモーメントが大きくなると考えれば納得できます。

またコマの回転速度が小さいほうが立ち上がりは速くなります。これも、倒れそうなコマの歳差運動が速くなることから直感に合っています。
重心を高くして、このような条件を満たして先端を大きくして立ち上がる効果を意図的に引き出したコマは世界中に様々な形で存在します。一般論として、地面からの摩擦が働くとコマは重心を上げるように運動すると覚えておくとよいでしょう。

コマ解説ポイント❾　コマが立ち上がる理由は、接地面の摩擦によるジャイロ効果！

コマ解説ポイント❿　先端が丸いコマは、速く立ち上がる

コマ解説ポイント⓫　先端の尖ったコマは、ずっと歳差運動を続ける

逆さコマはなぜ逆さになる？

「逆さコマ」というコマを見たことのある人は結構いると思います。逆さコマは回すとわずか数秒で本体が持ち上がって上下が逆さになるアッと驚く科学コマの最高傑作です。実はこのコマも地面との摩擦をうまく活用して逆さまになっているのです。

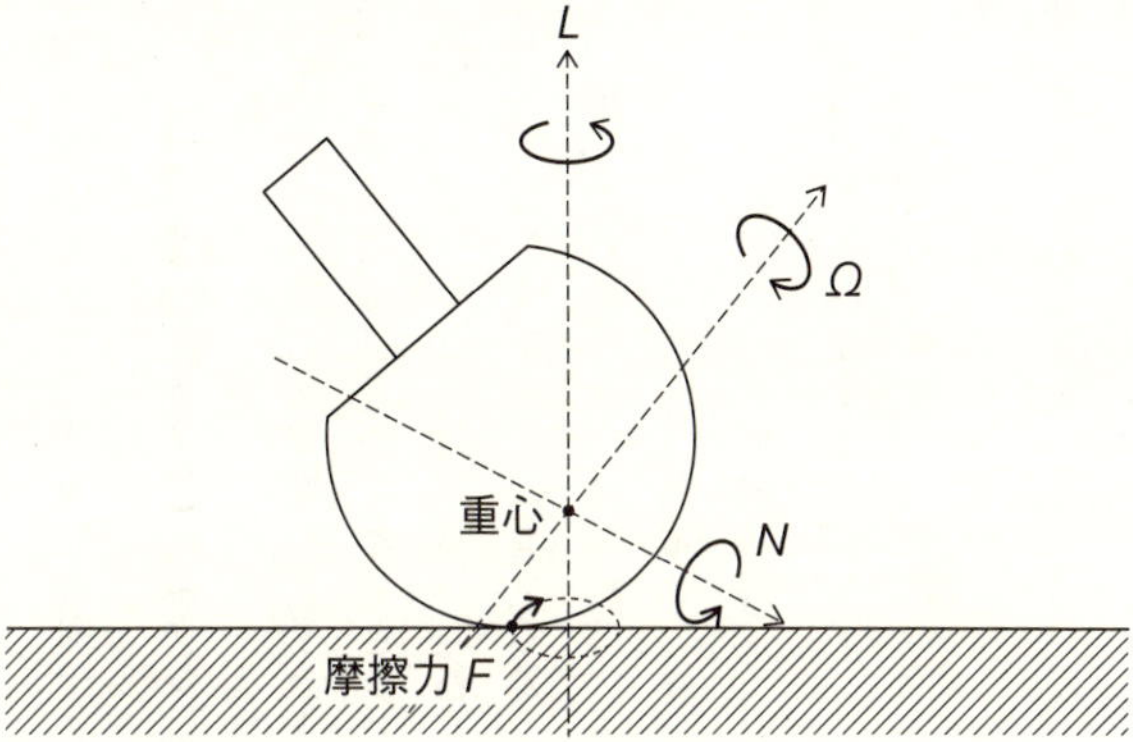

図2-6　逆さコマ

図２−６のようにほとんど球形のコマのため、どの方向にも回転しやすくなっているのがポイントです。そのため軸が傾いても、回転軸は常に垂直でいられます。また、球の上の部分が少しカットされて短い軸がついており、重心が球の中心よりもわずかに下に来るようになっている点もポイントです。

このコマをわずかに傾けて回すと、回転軸は重心を通る軸になりますが、接地点はそこからわずかに離れているため、常にコマの回転と逆方向に摩擦力が働きます。すると、これは摩擦による力のモーメントを与えます。回転軸と力のモーメントの関係より、もともと垂直なコマの回転軸は Ω で右に傾こうとします。

しかしながら、全身が接地面である逆さコマは回転軸が傾くと一回転中に接地面が上下して地面にぶつかってしまいます。その反動で、回転軸は垂直に戻り、逆さコマの軸だけが左に傾き重心が高くなっていきます。その結果逆さコマは上下が逆転するというのが大雑把な流れです。地面からの摩擦が働くとコマは重心を上げるように運動すると覚えておくとよいでしょう。

コマは倒そうとしても倒れない

ここまでコマは倒れない、それどころか自然に立ち上がるというお話をしてきました。それでは、コマを指ではじいてわざと倒そうとしたらさすがに倒れるのでしょうか？

垂直に立って反時計回りに回転しているコマを考えてみましょう。回転の勢い（角運動量）をLとしておきます。このコマの軸の先端を力Fで右からデコピンしてみましょう。軸の先端はコマの重心から高さhだけ離れているとすると、このときにかかる力のモーメントの大きさは$N=Fh$になります。これによって、コマの軸は左に倒れるように動きます。歳差運動の式（$\Omega\times L=N$）の大きさだけを考えると、左に倒れる回転の速度Ωは（力のモーメント）／（コマの角運動量）＝Fh／Lになります。

この結果を解釈してみましょう。デコピンしたときにコマが傾く速さ（角速度）は、デコピンする力Fを強くしたほうが、また軸の上のほうをはじくほうが速くなります。一方で、コマの回転の勢い（角運動量）が大きいほど、コマが傾く速さ（角速度）は遅くなります。つまり、速く回っているコマは多少叩いても倒れないということです。

コマ解説ポイント⑫　回転の勢いがあれば攻撃に耐えられる

コマ解説ポイント⑬　軸の上を攻撃すれば倒れやすい

それでもコマは必ず倒れる

ここまで、いかにコマが倒れないかということを様々な状況で説明してきました。最後に、それでもコマは必ず倒れるということを説明します。

映画『インセプション』ではコマが夢と現実を区別するアイテムとして印象的に使われました。コマが永遠に回っていれば夢、コマが倒れれば現実というわけです。コマの回転速度は空気や地面との摩擦によって徐々に遅くなり、いずれ回転は止まります。回転が止まるとジャイロ効果が失われますのでコマは倒れてしまいます。おもちゃのひねりコマであれば1分程度で止まってしまいます。精巧に作られたコマだと20分程度回るものもあります。ギネス記録は直径90センチメートルのコマで1時間37分42秒も回り続けたそうです。

回転がゼロになればコマが倒れるのは当然ですが、実際にはその少し前にコマは倒れてしまい

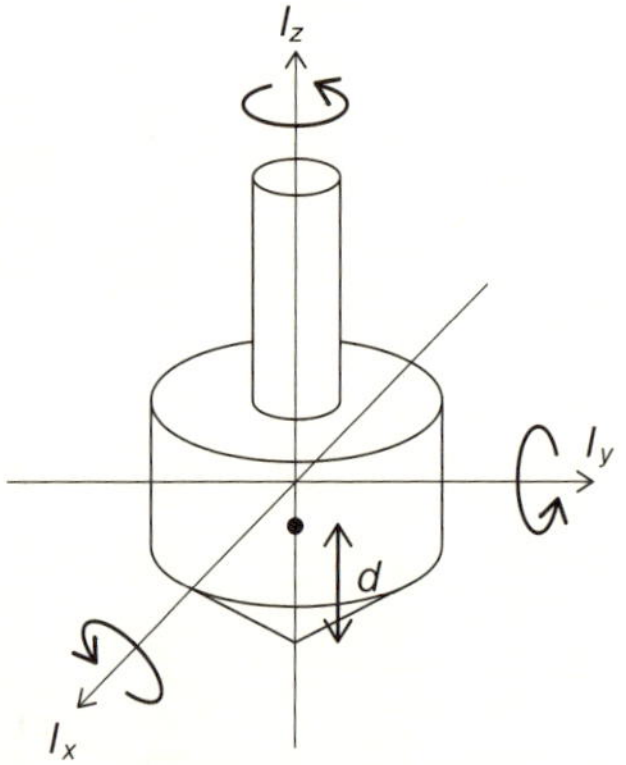

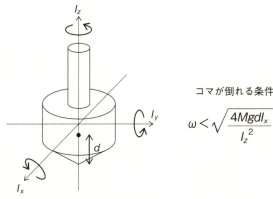

図2-7　コマが倒れる条件

*M*はコマの質量、*d*は重心と接地点の距離、I_zは軸まわりの慣性モーメント、I_xは*z*に垂直な慣性モーメントです。

ます。これには何か条件があるのでしょうか？
精密な計算によればコマの回転速度（角速度）が図2－7に示される条件よりも遅くなったときにコマは倒れるようです。大雑把な意味としては、重いコマ、重心が高いコマは速く倒れてしまい、軸周りの慣性モーメントが大きいコマはなかなか倒れません。

コマ解説ポイント⑭　軽く、低重心、慣性モーメントが大きいコマは最後まで倒れず粘る

この章では、物理学を使ってコマが倒れない理由を説明しました。コマのような回転する物体についての物理を詳しく知りたい方は、付録の「回転する物体の物理」にチャレンジしてみてください。

第3章 戦うコマの解体新書

これまでの章では、1つのコマが回転している状況を物理の力を借りて説明してきました。しかし、コマで最も面白いのはベーゴマやベイブレードのような、コマ同士の対戦ではないでしょうか？　この章では2つのコマが激しくぶつかり合う「戦うコマ」の物理を解説します。はたして、物理的に最強のコマは存在するのでしょうか？

大人の本気のコマ遊び

日本の高度経済成長を支えてきた中小企業。しかし、その元気がなくなってきているという話題に触れる日は少なくありません。どうすれば、中小企業の頑張る姿をテレビの置かれたお茶の間に届けられるか。そこで考え出されたのが、各社が社運をかけて作成した直径わずか2センチメートルの金属製の精密コマで戦う企画でした。まさに、大人のベイブレード、中小企業のロボコンというわけです。中小企業を元気に、そして日本を元気にという大目標を掲げて、株式会社ミナロの緑川さんを中心にはじまったのが「全日本製造業コマ大戦」です。

コマ大戦はベーゴマやベイブレードと同じけんかゴマ。2つのコマを土俵の上に投げて、相手を場外に飛ばすか、相手より長く回っていれば勝ち、というわけです。最大の特徴は、中小企業が技術の粋を結集して製造した金属製の超精密コマで戦うということです。そして、大会で優勝すれば総額300万円ともいわれる50個ほどのコマを総取りすることができます。

全日本製造業コマ大戦の様子

高い技術力を持った製造業者が本気で作り上げた勝つためのコマには、長く回るための工夫や、相手を倒すためのアイデアがたくさん詰め込まれており、けんかゴマの最高峰と言っても過言ではないでしょう。本章ではこのコマ大戦を題材に、戦うコマの強さの秘訣や、コマの面白さを紹介していきたいと思います。

私とコマ大戦との出会い

ここで少し余談になりますが、私がコマ大戦に関わるようになった経緯について、お話しさせてください。

私とコマ大戦との出会いは5年前にさかのぼります。2013年7月24日、当時大阪大学で物理の研究をしていた私は、隣のビルで毎月おこなわれていた「異分野融合カフェ」というイベントに参加しました。7月のゲスト講師は、マツダ株式会社の松田さんでした。

工場萌えツアーなど中小企業の魅力を伝える個性的な取り組みが次々と紹介されていきます。そんな流れの中で、コマ大戦という単語とともに30個ほどの精密な金属製のコマが登場し、会場の注目を集めます。なんと、マツダ株式会社は前回のコマ大戦近畿予選で優勝したチーム、その優勝賞品の総取りコマを会場に持ち込んでいたのです！

私は当時から科学実験教室にコマを積極的に取り込んでいました。コマを使えば遊びながら科学を学べるという思いからです。コマ大戦という単語にピンときた私は、講演の後で松田さんに話しかけました。コマを通してものづくりの魅力を伝えるコマ大戦。コマを通して科学の魅力を伝えるコマ科学実験教室。同じだなと思い、意気投合しました。

これが私のコマ大戦との最初の出会いでした。しかし、コマ大戦と再び関わることになるとはこのときは微塵も思っていませんでした。

それから数ヵ月後、一通のメールが届きました。コマ大戦を通して中小企業の魅力を大学生に伝える2日間のプログラムで、どんなコマが強いかを解説する講師をしてほしい、メールにはそう書かれていました。二つ返事で承諾した私は1日目に「よく回るコマの仕組み」というタイトルで話をしました。

プログラムの2日目は実際のコマづくりです。コマの設計も製作も経験がなかった私は、大学生と一緒に参加しました。手書きの設計図をプロが製図し、町工場を訪問してコマを作ります。このときに訪問したのが、のちに私のコマの師匠となる上坂さんが営む上坂精工でした。初めて作っていただいたズッシリ重いコマに、私は「ジャイロ」と名付けました。

解説者が空気を読まずに……

２０１４年5月30日、「全日本製造業世界コマ大戦２０１５　Ｇ２近畿ブロック予選」が開催され、私はそこでゲスト解説者の席に座りました。実は、その直前に「せっかくコマも作ったことだし、選手としても出場してみませんか？」と打診されていました。上坂師匠と共に「ジャイロ」を改良した「ジャイロⅡ」を作成していたのです。こうして、ゲスト解説者を務めながら、冗談半分に選手としても参戦することになったのです。

解説者としてひな壇の上に座り、自分の試合になったら土俵の前に降りて戦う、その繰り返しでした。もちろん、早々に負けて、解説に専念するつもりでしたが、予選リーグ戦、トーナメント１回戦、２回戦と勝ち上がり、気が付けばベスト8まで勝ち上がってしまいました。そのころから、優勝の2文字がちらつき、解説の口数も徐々に減っていきます。

準決勝に進出した私は、かくして師匠と対決することになりました。上坂師匠率いるチームレンタルはここまで無敗。すべてのコマを場外に吹っ飛ばしてきた、重量級で攻撃型のコマです。

優勝したときの様子

総取りしたコマ

一方私は中量級の安定型のコマでした。1試合目は試合開始直後に私のコマが場外に吹っ飛ばされました。しかしながら、2試合目で私のコマは吹っ飛ばされながらも土俵の縁にギリギリ残りました。長期戦になると寿命の長い中量級で安定型の私のコマが有利になり師匠から1勝をもぎ取りました。そして、3試合目、2試合目と同じような展開となり私のコマが勝ちました。この瞬間、世界大会への出場が決まりました。そしてついに決勝戦の時がやってきました。

決勝戦の相手は奈良朱雀高校の高校生チームでした。高校生の背後には大勢のチームメイトが応援旗や横断幕を掲げて派手に応援しています。会場全体のムードもドラマチックな高校生の優勝をひそかに望んでいます。それとは対照的に、私は一人で孤独な戦いに挑んでいました。しかし、このときここで優勝してコマを教育に活かしたいという思いが湧き起こってきました。そしてなんと、ゲスト解説者が空気を読まずに優勝をしてしまったのです。

優勝インタビューがおこなわれました。私はなぜこのコマが優勝できたのかを、コマの特徴を数個のポイントに分けてわかりやすく明確に解説しました。優勝してその理由を解説するわけですから、ゲスト解説者冥利に尽きます。

いざ！　世界コマ大戦へ

2015年2月15日、横浜大さん橋ホールにて、世界コマ大戦2015の当日がやってきました。全国のＴＶ各局の大きなカメラが30台ほど土俵に向かっています。ライブ会場のような巨大なスピーカーから重低音が鳴り響いています。その盛り上がりたるや、筆舌しがたいほどでした。我々のチームは近畿予選で優勝した「ジャイロⅡ」をさらに改良した、「ジャイロⅢタオレネードガルガンチュア」で世界に挑みます。

１回戦の相手は西の強豪増田製作所。１投目は我々のコマの攻撃が相手を捉え１勝。私は、喜びのあまり大ジャンプし、チームメンバーと熱い抱擁をしました。しかし、２投目、３投目と連敗し初戦敗退。私の投げ手としてのコマ人生はここで終了しました。

コマで回り始めた私の人生

それからというもの、私の人生はコマを軸足に回り始めました。科学的な裏付けがある確かな解説を売りに、全国各地のコマ大戦で解説を担当させていただきました。そして、コマ大戦の経験を科学実験教室に取り入れ、コマ博士としてコマ実験教室を開発し、これまで全国で約１００回、５０００人以上に届けてきました。

これらのコマの科学、コマ大戦、コマ実験教室の集大成が本書というわけです。

全日本製造業コマ大戦のルール

どんなゲームにもルールがあります。そのルールの下に勝敗が決まります。ですので、ゲームに勝つためにはまずルールを熟知する必要があります。コマ大戦で勝つコマを知るために、ここでは全日本製造業コマ大戦の主要なルールを簡単に述べながら、そこに少しだけ物理的な解釈も添えてみます。ルールは主に、コマへの制限（レギュレーション）、コマ大戦の進行、コマ大戦の勝敗に関するものに分けられます。

コマへの制限は簡単に言うと次の2つです。

・直径は2センチメートル以下
・高さは6センチメートル以下

このように、サイズによる制限しかありません。材質や重さ、形状等はすべて自由です。

コマ大戦の進行は次のようになっています。

・コマは片手の指で回す
・「はっけよい」の合図で2チームがコマを土俵の直上で止める
・「のこった」の合図で2チームが同時にコマを投げる

すなわちコマに与えられるエネルギーは、弱々しい指から「のこった」の短い時間に与えられるわずかなものです。

コマ大戦の勝敗を決めるのは簡単に言うと次の2つです。

・コマが倒れたら負け
・コマが土俵の外に出たら負け

倒れにくいコマ、土俵の中で倒れずに回り続けるコマが勝てるコマということになります。ただし、コマ単独の回転時間を競っているわけではありません。ベーゴマやベイブレードと同じように相手が存在するけんかゴマです。

コマの形の8つの要素

さて、コマの物理に話を戻しましょう。

世の中には様々な形のコマが無数に存在します。しかし、そのすべてのコマについて強さを調べるのは時間がいくらあっても足りません。そこで、物理で必ず使われる方法論、すなわち複雑で多すぎる要素を、簡単な数少ない要素に還元するということをおこなってみましょう。まずは、複雑で無数にあるコマの形状を、簡単で数少ない要素に還元してみます。次に、それらの要素がコマの強さとどのように関係しているか考えてみましょう。

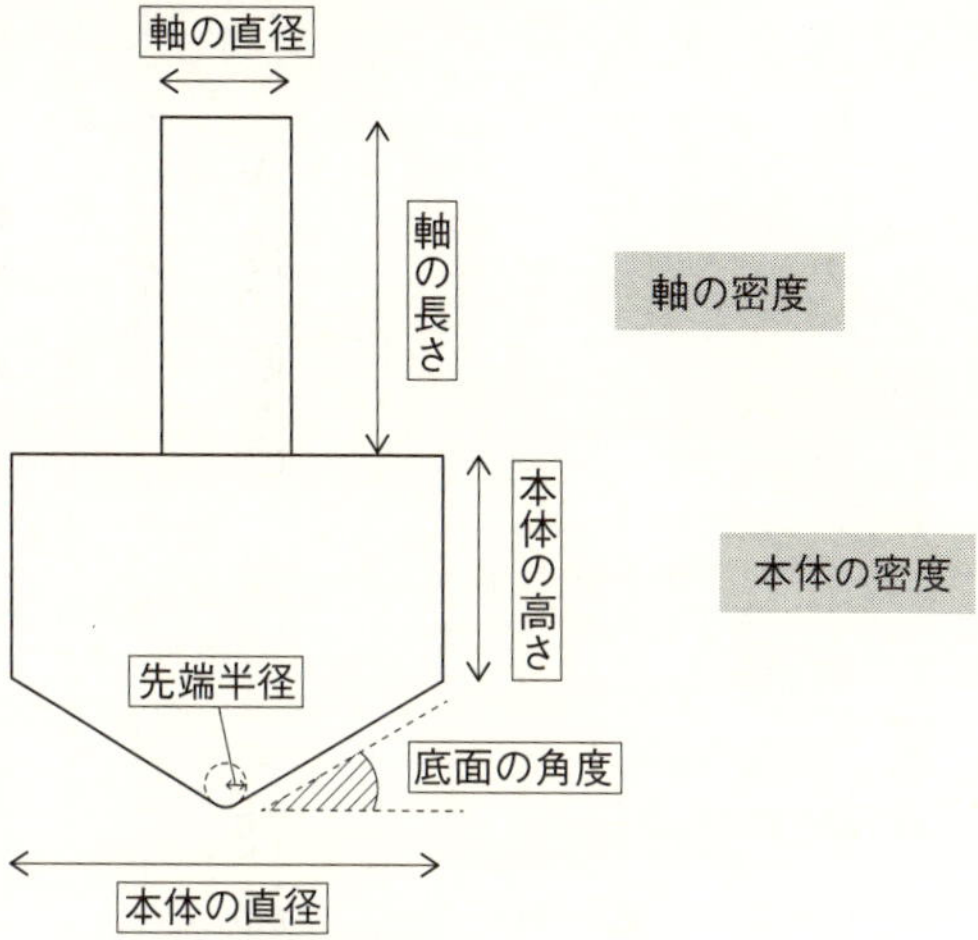

図3-1　コマの形の8つの要素

最も基本的なコマ大戦のコマは、大まかに円盤状の『本体』と棒状の『軸』の2つのパーツからできています。では、ここからコマの形状の要素を図3－1を見ながら探してみましょう。

まずコマの本体には、『本体の直径』と『本体の高さ』という2つの要素があります。それに加えて、極めて重要な要素がもう一つあります。それはコマの『本体の密度』です。密度と形が決まれば、コマの重さも自動的に決まります。また、本体下部の『底面の角度』と『先端半径』の2つも忘れてはならない要素です。

同様に、コマの軸にも『軸の太さ』と『軸の長さ』、そして『軸の密度』という3つの要素があります。

このように、最も基本的なコマ大戦のコマには、たった8つの要素しかないのです。それでは、コマの8つの要素と強さの関係を一つ一つ明らかにしていきましょう。そうすれば最強のコマの形も自然と姿を現すことでしょう。このように、要素を一つ一つ検討し、それを積み重ねて大きな結論を得るのは物理学の得意とするやり方です。

『本体の直径』：太いコマVS細いコマ

まずは、『本体の直径』について考えてみましょう。図3-2には直径1センチメートルのコマと、その2倍の2センチメートルのコマが描かれています。『本体の密度』は同じだとします。また、話を最も簡単にするために慣性モーメントは同じだとします。慣性モーメントはコマの直径の4乗に比例するので、自動的にコマの高さはそれぞれ、1センチメートルと16倍低い0・0625センチメートルになります。はたしてどちらのコマが強いでしょうか？　話を簡単にするため、ここではコマの軸や底面のことは無視してください。

慣性モーメントが同じですので、2つのコマを同じように回せば、同じ回転速度（角速度）で回り、得られる回転の勢い（角運動量）も同じです。すなわち、コマとしての強さも同じになります。このように、回転に関するすべての条件を同じにして比較しやすくするために、慣性モーメントを同じにしたのです。ですが、第2章で述べたように、寿命が長いのは高さが低く重心の

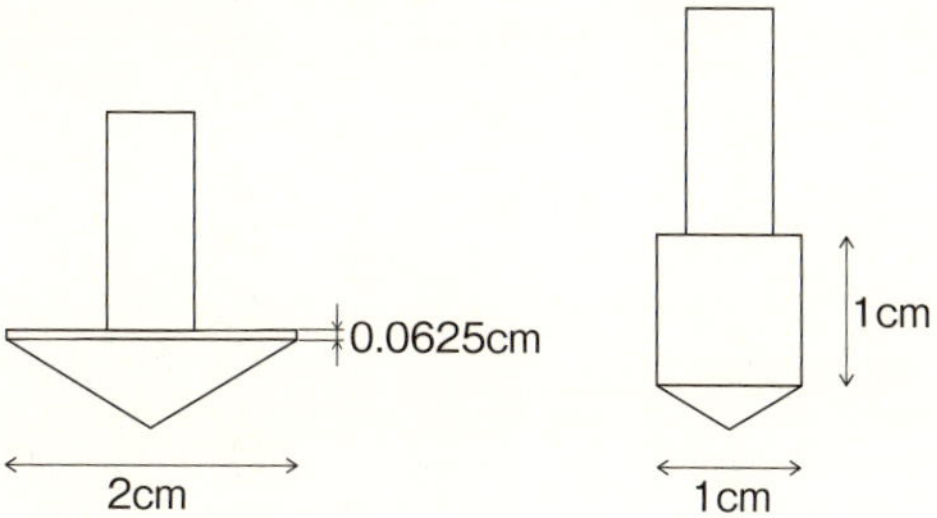

図3-2　太いコマ・細いコマ

低い直径2センチメートルのコマです。よって『本体の直径』は大きいほうが有利なのです。

したがって、コマ大戦のルール内では『本体の直径』は2センチメートルが一番強いということになります。出場するほとんどのチームはルールぎりぎりの直径2センチメートルのコマを出してきますので、あまり差のつかない要素と言えます。

『本体の直径』はコマの強さを決める重要な要素ですので、試合前にはこのレギュレーションを守っていることを証明するために厳密なチェックが入ります。それには、株式会社クリタテクノのゲージが使われます。このゲージは金属製のバウムクーヘンのような形をしており、真ん中には直径2・0001センチメートルの精密な穴が開いています。この穴を通過すれば、コマは直径2センチメートル以内ということになり、無事に出場の権利を得ます。

丹精込めて作ったコマが試合直前にゲージに通らずに慌てふためくチームの姿はコマ大戦の風物詩になっています。コマ大戦に出場する精度の高いコマを、それ以上に高い精度で測定するゲージですから、株式会社クリタテクノのコマはきっと強いに決まっています。実際、ラッピング加工を使った美しい王道コマの作成を得意とし、第1回全日本製造業コマ大戦で見事3位の成績に輝いています。最近では、NHKの「超絶 凄ワザ!」でコマ長時間耐久戦に出場しています。

『本体の密度』:高密度のコマVS低密度のコマ

本体の直径は2センチメートルが良いとわかったので、次に『本体の密度』について考えてみましょう。密度の高い(7.9g/cm^3)鉄製のコマと、3分の1の密度(2.7g/cm^3)のアルミ製のコマの対決です(図3-3)。ただし、コマの重さは同じ50グラムとします。すると、自動的に高さが決まり、鉄製のコマは高さ2・0センチメートル、アルミ製のコマは約3倍高い5・9センチメートルになります。

重さと直径が同じですので、両者のコマの慣性モーメントも同じになります。よって、同じようにコマを回せば、コマは同じ回転の速さ(角速度)、同じ回転の勢い(角運動量)で回ります。では、コマの強さも同じなのでしょうか? 第2章でみたように、重心が低いコマのほうがコマの寿命が長く強くなります。よって、高密度で高さの低い鉄製のコマのほうが低密度で高さの高いアルミ製のコマよりも強いのです。より密度の高い素材を用いれば、同じ慣性モーメントを

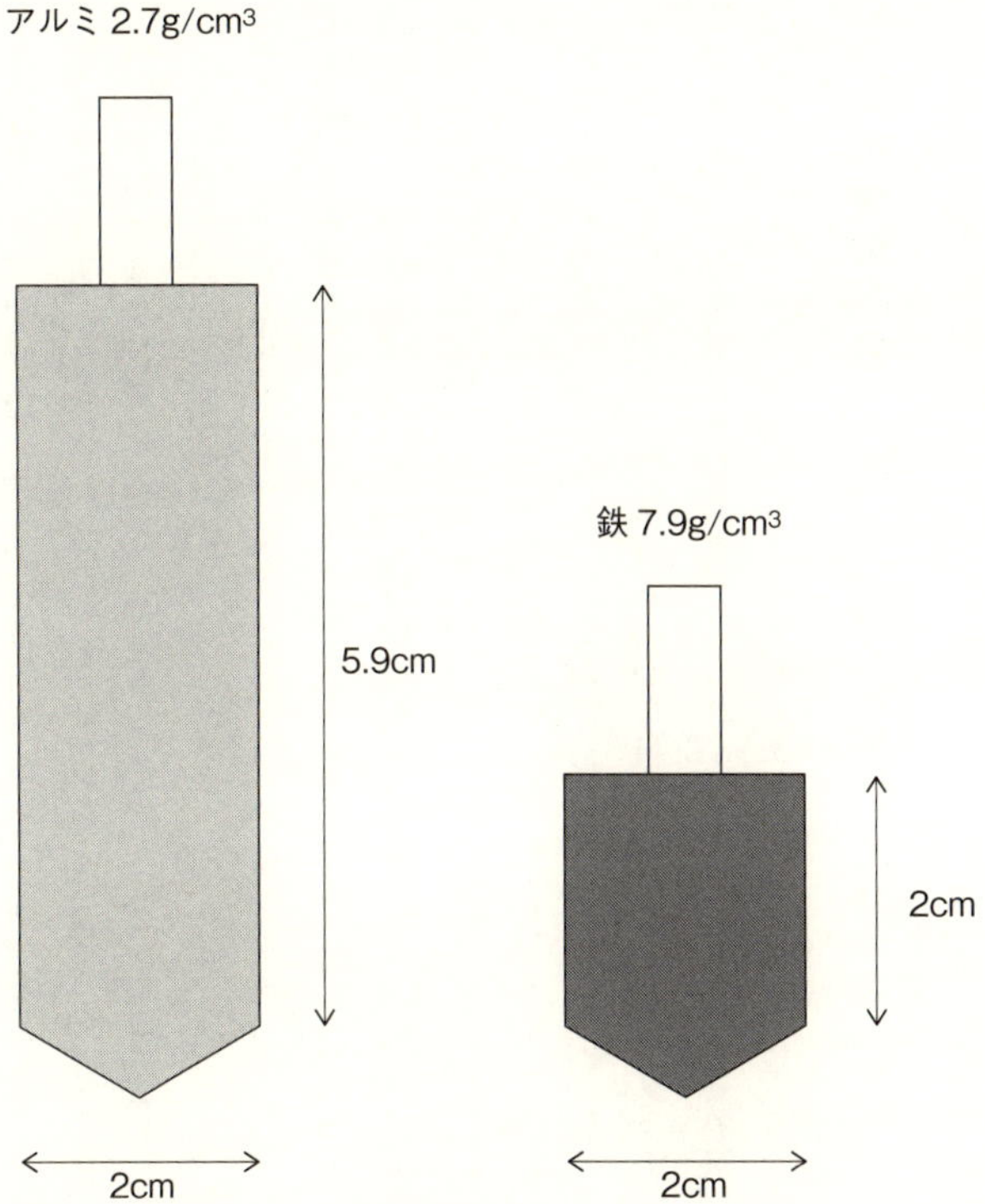

図3-3　高密度のコマ・低密度のコマ

持ちながら、より重心の低いコマを作ることができます。

よって、『本体の密度』は、高ければ高いほど強いということになります。

ではどのような材質を選べば密度を高くできるでしょうか？ 金属を密度の高い順に並べると、イリジウム（22.56g/cm³）、プラチナ（21.45g/cm³）、金（19.32g/cm³）、タングステン（19.25g/cm³）となります。しかしながら、イリジウム、プラチナ、金は大変高価で材料費だけで20万円ぐらいかかります。また、軟らかすぎて精度の高い加工には向いていないようです。そのため、タングステン、もしくは超硬やヘビーメタルと呼ばれるタングステン合金が現実路線では最も密度の高い最強の選択でしょう。

なお、私は幸運にも近畿予選の総取りコマとしてイリジウム製のコマを入手しました。軸の滑り止め加工が毛羽立っており、加工の難しさが見て取れました。プラチナ製のコマも両国国技館を会場としたコマ大戦にて解説者席から目にしたことがあります。さすがに、プラチナの部分は取り外して、試合後に回収可能になっていました。ちなみに、高価と言えば全体に宝石がはめこまれたジュエリーコマというものもジュエリークレストによって作成されています。

『本体の高さ』：高いコマVS低いコマ

続いて、『本体の高さ』について考えてみましょう。『本体の直径』はルールいっぱいの2セン

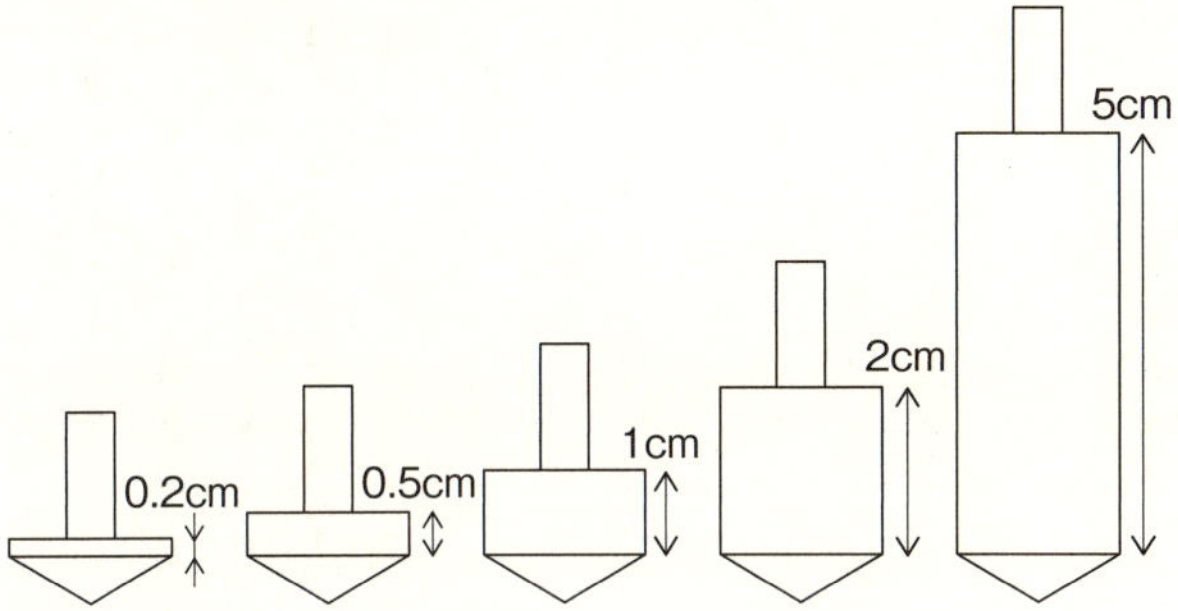

図3-4　高いコマ・低いコマ

チメートル、『本体の密度』は実用上最強のタングステン（19.25g/cm^3）だとします。図3－4には、高さ5センチメートルの高いコマと、0・2センチメートルの低いコマ、それらの間の0・5センチメール、1センチメートル、2センチメートルの5つのコマの対決が描かれています。

高さが異なる分、重さも異なります。よって、ここまで一定として考えてきた慣性モーメントにもついに差が生じます。では、これらのなかでどれが一番強いでしょうか？　実はこれは非常に難しい問題になります。

まずは、指で5つのコマに同じ回転の勢い（角運動量）を与えて回したとします。慣性モーメントは高さの高いコマほど大きくなりますが、慣性モーメント×角速度である角運動量が一定ですので、逆に回転速度（角速度）は高さの低いコマほど速くなります。さらに、高さの低いコマほど文字通り重心が低くなります。第2章でみたように、回転の速いコマ、重心の低いコマほど安定しますので、一番低い0・2センチメートルのコマが一番安定して最強ということになります。

逆に高さ5センチメートルのコマは慣性モーメントが大きすぎて、初めから十分な角速度が得られずにいきなり倒れてしまうでしょう。また、回転の勢いは敵のコマとの衝突でお互いに徐々に減少していくことを忘れてはなりません。すると、高さが2センチメートルのコマも数分後には立っているのに必要な回転速度を下回って倒れてしまいます。では本当に高さの低いコマほど強いのでしょうか?

実際には、5つのコマに指で同じだけの回転の勢いを与えることはできません。高さの高い慣性モーメントの大きなコマのほうは、ゆっくり回せばよいので問題ありませんが、高さの低い慣性モーメントの小さなコマのほうは、とても速く回さなければ同じだけの回転の勢いが得られません。

しかしながら、人の手には回す速さに限界がありますので、回転の勢いではなく回転速度のほうが一定になってしまうのです。すると、高さの低いコマは回転の速さは変わらないまま、低ければ低いほど慣性モーメントだけが減少し回転の勢いが下がって弱体化します。さらに、回転の勢いは敵のコマとの衝突でどんどん減少しますので、十分な回転の勢いが得られていない高さ0・2センチメートルのコマは、相手のコマにぶつかった瞬間に即座に回転を止められて倒れます。また、高さが低い0・5センチメートルのコマも同じ理由で短い時間で相手に回転を止められて倒れます。

このように、高さの高すぎるコマは、重心が高く回転が遅くすぐに倒れてしまいます。一方で、低すぎるコマは回転の勢いが得られず相手のコマに止められて倒れてしまいます。そうすると、その間にベストのコマの高さが存在していそうです。というわけで、高さが1センチメートルのコマが生き残り優勝となりました。

しかし、これは一例にすぎません。実際には、手でコマを回すときの回転速度の限界は人によるため、ベストの高さは投げる人（投げ手）によって異なるのです。自分にとってのベストの高さを知る一番簡単な方法は、高さの少しずつ異なるいくつかのコマを作成して、自己対戦を繰り返し、一番強いものを選ぶことです。経験上は1〜2センチメートルが良いようです。

なお、やや複雑な計算になりますが、自分のコマを回す強さがわかれば、コマのベストの高さを計算で求めることもできます。

よって、『本体の高さ』は投げ手に応じてベストの値が存在し、典型的には1〜2センチメートル程度です。

『底面の角度』：平らなコマ VS 切り立ったコマ

続いて、『底面の角度』について検討してみましょう。図３－５のように底面の角度が5度、

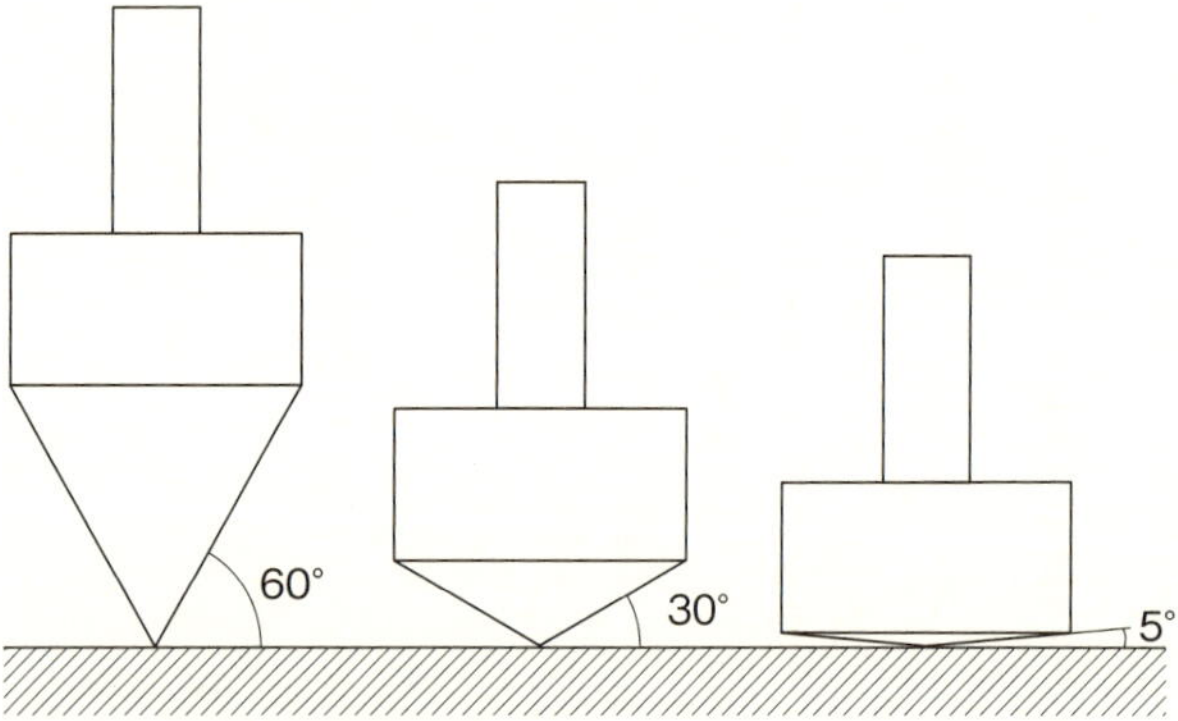

図3-5　底面の角度の異なるコマ

30度、60度の3つのコマを考えてみます。どれが一番強いでしょうか？

まず、コマ単体で一番長く回るコマを考えてみましょう。何度か述べてきたように、コマは重心が低いほど寿命が長く強くなります。『底面の角度』が60度のコマは重心が高すぎて短時間で倒れてしまいます。『底面の角度』が小さい5度のコマは重心が低く安定し最も強くなります。

しかしながら、コマ大戦には必ず相手が存在することを忘れてはいけません。相手のコマの体当たりを受けて斜めに傾いたときに底面が土俵に擦ってしまうと一気に減速してすぐに倒れてしまいます。『底面の角度』が5度のコマはほんのわずかな体当たりで底面を土俵に擦ってすぐに倒れてしまいます。『底面の角度』がある程度大きければ体当たりに対しては安全で耐性があるのです。

すると、『底面の角度』が大きすぎると高重心で不安定になり、小さすぎると傾いたときにすぐに倒れてしまうので、その間にほどよい大きさがありそうです。最も良い『底面の角度』は、相手の戦術にもよるため一つに決めることはできません。経験上は大まかに20~30度程度が良いようです。

よって、『底面の角度』は戦術次第だが、大まかに20~30度程度です。

『先端半径』：丸い先端VS尖った先端

ここで『先端半径』という少し聞きなれない言葉が出てきました。どのような意味なのでしょうか？　コマの先端は遠目に見ると尖っているように見えますが、一番先端は必ずある丸まりを持っています。その丸まりを球に置き換えたときの半径を『先端半径』と呼びます。

では、図3-6のように『先端半径』が5ミリメートルの丸いコマと、1ミリメートルのコマと、0・1ミリメートルの針のように尖っているコマの3つを考えてみましょう。どのコマが一番強いでしょうか？

『先端半径』はコマの動きにどのような影響を与えるのでしょうか？　第2章の「コマは自然にまっすぐに立ち上がる」で述べたように、斜めに傾いたコマが自然に垂直に立ち上がる理由は、丸まった先端によるジャイロ効果のおかげでした。そのため、先端半径が5ミリメートルのコマ

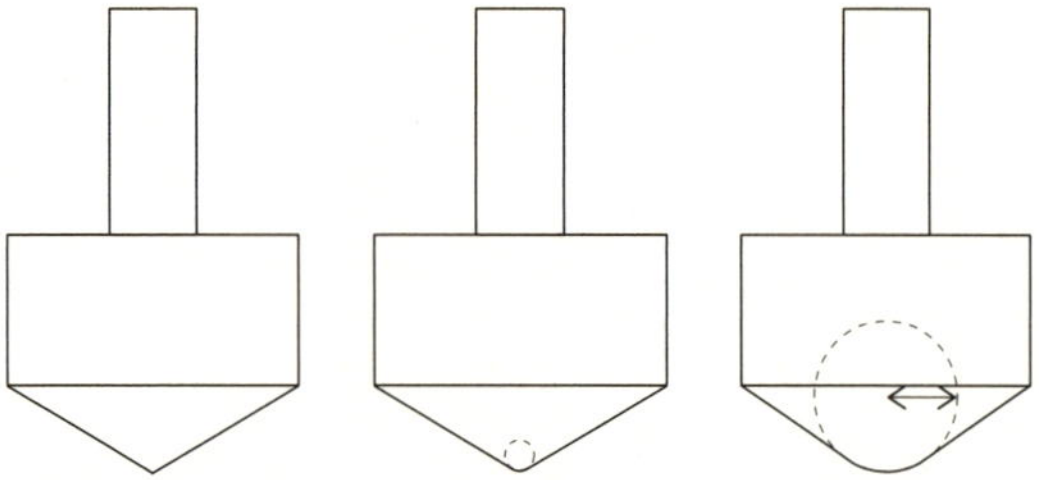

図3-6　先端半径の異なるコマ

はすぐに垂直に立ち上がりますが、1ミリメートルのコマはゆっくり立ち上がり、0・1ミリメートルの尖ったコマはいつまでもゆらゆらと歳差運動を続けてまっすぐ立ち上がりません。

相手の存在するコマ大戦においては、傾きの大きい状態で再び体当たりを食らうのは危険です。底面が土俵に当たって一気に失速して倒れかねません。そのため、攻撃への耐性という観点では、『先端半径』は大きいほうが良いと言えます。

一方で、『先端半径』が大きいコマは地面と接する面が大きく摩擦が大きくなります。そのため、寿命の短いコマになってしまうのです。『先端半径』の小さいコマは地面との摩擦が小さく、寿命の長いコマになります。そのため、寿命という観点では『先端半径』は小さいほうが良いと言えます。

では、結局『先端半径』は大小どちらが良いのでしょうか？典型的なコマ大戦では、コマ同士の衝突は大雑把に数秒に一回程度起こります。これに耐えて立ち上がるには、数秒以内で立ち上がれば十分ということになります。衝突の頻度よりも無駄に素早く立ち上がる必要はありません。コマの寿命が短くなってしまいます。このような条件では、『先端半径』は経験上2〜3ミリメートル程度となります。

よって、先端半径は戦術次第だが、大まかに2〜3ミリメートル程度が良いと言えます。

コマの8つの要素には含めませんでしたが、先端の摩擦も重要な要素です。摩擦が小さければコマの寿命は長くなり強くなります。また、先端の耐久性も重要です。せっかく摩擦の低い先端を作っても、練習中や試合中に摩耗して変形すれば致命的です。そのため、先端のみに超硬やハイスと呼ばれる特に硬い耐久性の高い金属を埋め込んで、つるつるに磨いて摩擦を減らして出場するチームが増えています。また、フライパンのテフロン加工でも知られる摩擦の低いテフロンが用いられることも多いです。

『軸の太さ』：細い軸VS太い軸

ここまでコマの本体に注目してきましたが、今度はコマの軸に注目してみましょう。最初は『軸の太さ』です。軸の直径が3ミリメートルと6ミリメートルと12ミリメートルのコマを考えてみます（図3－7）。どれが一番強いでしょうか？

第1章のコマを回し始める「手で回す力」でみたように、もしひもや重りを用いて厳密に同じ力の強さでコマを回したら、これらのコマが最終的に達する回転の速さは、意外かもしれません

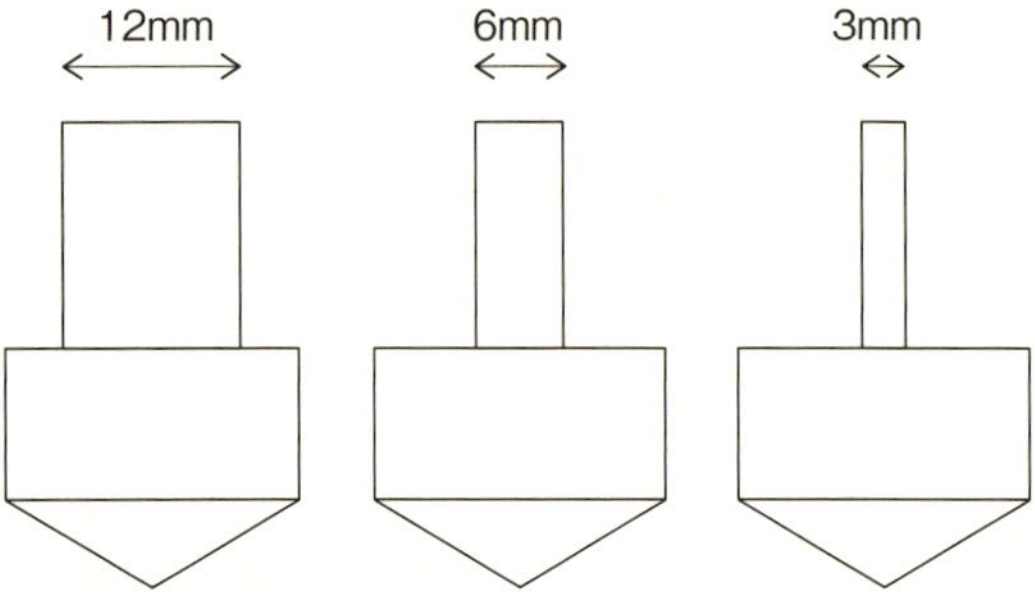

図3-7　軸の太さの異なるコマ

が、全く同じになります。すなわちこれらのコマの回転の勢いはすべて同じになり差がつきません。差を生むのは物理的な原因ではなく、実は人間の手との相性なのです。

軸の太さを考えるうえで、まず大切なのが摩擦力です。コマを指の腹で回すときに、軸が太いほど指との接触面積が広く摩擦が大きくなるので力を伝えやすくなります。3ミリメートルの軸は接触面積が小さく力をかけると滑ってしまうかもしれません。6ミリメートルの軸は指にフィットし回しやすい大きさです。12ミリメートルの軸も同じく回しやすいですが、6ミリメートルと比べて大きな得はありません。そもそも指の腹の広さは10ミリメートル程度ですので、それよりも過剰に太い軸にしても接触面積は大幅には増えないのです。このように、摩擦力を考えるとある程度軸は太いほうが良いということになります。

一方で、軸の太さを考えるうえで、もう一つ大切なのは手の回す速さの限界です。細い軸をゆっくり強く回すのと、太い軸を高速で強く回すのは、最終的に得られる回転の速さは同じです。

しかし、人間の手の動きの速さには限界がありますので、太すぎる軸は高速で回すことができなくなるのです。すると、6ミリメートルの軸では十分回せますが、12ミリメートルの軸は手の速さが足りず十分回せないといったことがおきます。

摩擦のかけ方や、回す速さの限界は人によって異なるため、すべての人に共通する理想的な軸の太さを一つに決定することはできません。しかし、各々の投げ手や回し方に応じて、必ずベストの軸の太さが存在します。それを見極める一番簡単な方法は、軸の太さが少しずつ異なる数個のコマを回して、最も寿命の長いコマを選ぶことです。経験上は少し太いと感じるぐらいの5～7ミリメートル程度の軸が良いようです。逆に、高速に回そうとして過剰に細い軸を作ってしまい、十分力が伝えられずに敗北するのは初心者が陥りやすいミスです。

よって、『軸の太さ』は投げ手に応じてベストの値が存在し、大まかに5～7ミリメートル程度が良いと言えます。

先ほどの『先端半径』が、コマが地面と直接接する唯一の場所だとすれば、この『軸の太さ』はコマが投げ手と直接接する唯一の場所と言えます。そのためコマと回し手の二人三脚で勝負するコマ大戦において『軸の太さ』は勝敗を左右する極めて重要な要素なのです。

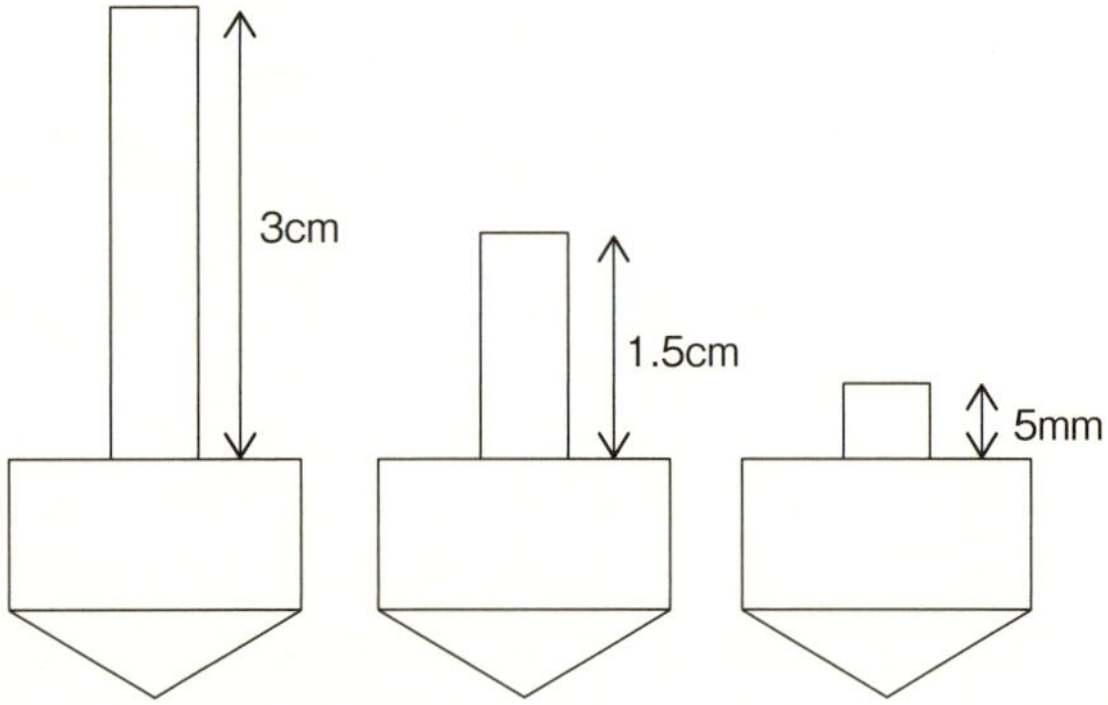

図3-8　軸の長さの異なるコマ

『軸の長さ』：短い軸VS長い軸

今度は『軸の長さ』を考えてみましょう。図3－8のように、軸の短い5ミリメートルのコマ、普通の1・5センチメートルのコマ、長い3センチメートルのコマを考えます。どれが一番強いでしょうか？

『軸の長さ』は長ければ長いほど重心が高くなりコマの寿命が短くなります。よって短いほうが良いと言えます。コマがひとたび回り始めてしまえば3センチメートルのコマの軸など邪魔者でしかありません。コマ大戦では、回した後に本体に引っ込む軸を採用しているものもあるぐらいです。

しかしながら、軸が5ミリメートルなどと短すぎると指が摩擦を伝えられず、うまく回せません。人の指でつまむことができる長さは大体1・5センチメートル程度ですので、その程度の長さであれば十分だと言えます。

また、グリップ力を高めて回しやすいように、摩擦の高い素材を用いる、ストライプ状の溝を彫るなどの工夫が施されます。

よって、『軸の長さ』はしっかり回せる範囲でなるべく短いほうが良いと言えます。典型的には１・５センチメートル程度です。

『軸の密度』：重い軸 VS 軽い軸

では、最後のコマの要素『軸の密度』について考えましょう。図３－９のように、長さが１・５センチメートルで太さが５ミリメートルの典型的な軸のコマを２つ考えてみましょう。一方の軸は密度が１g／cm^3程度の木製で、もう一方の軸は密度が20g／cm^3程度のタングステン製です。どちらのコマが強いでしょうか？

コマの本体の場合、なるべく高密度の素材を用いて、慣性モーメントをキープしたまま重心を下げるほど有利でした。コマの軸の場合は、ある意味その真逆になります。コマの一番高いところにある軸に高密度の素材を用いても、重心が無駄に高くなるだけで何も良いことはないのです。逆に、低密度の素材を用いれば重心を下げることができます。

よって、『軸の密度』はなるべく低いほうが良いことになります。

密度が低いといっても、丈夫でなければなりません。密度が低い金属として身近なものはアル

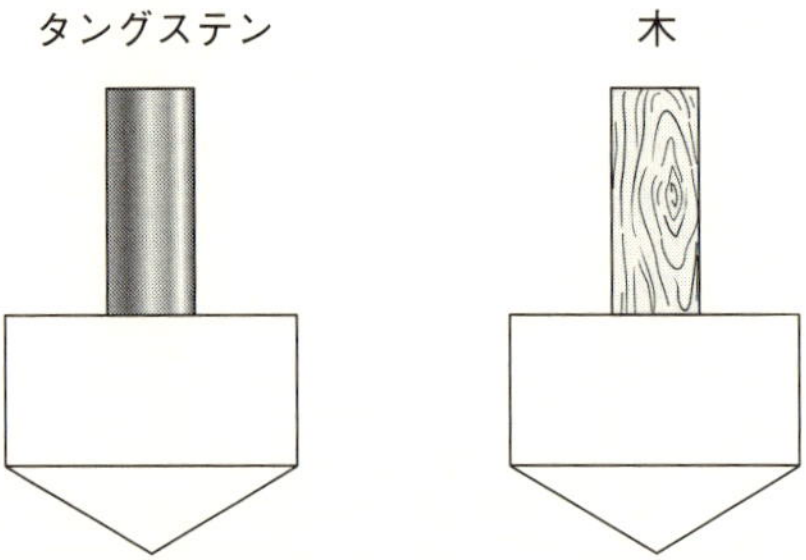

図3-9　軸の密度が異なるコマ

ミニウムです。軽さと丈夫さを兼ね備えた航空材料にも用いられるアルミ合金のジュラルミンを使うチームもあります。さらに軽い素材としてアクリルなどの樹脂も用いられます。

ただし、試合中に場外にはじき出されて地面に落ちて折れるリスクもありますので、ある程度の強度は必要です。

実は、軸の密度を大幅に下げる簡単な方法があります。それは、軸の中身をくりぬいてマカロニのように中空にすることです。もちろん、マカロニが指でつまんでパキっと折れない程度の肉厚は必要です。金属の場合は1ミリメートル程度で強度が保てますから、直径7ミリメートルの軸に直径5ミリメートルの穴をあければ重さを半分以下にすることができます。

最強のコマ　王道コマ

ここまで、「本体の直径」「本体の密度」「本体の高さ」「底面の角度」「先端半径」「軸の太さ」「軸の長さ」「軸の密度」の8つの要素に注目して、どうすれば強いコマになるかを探ってき

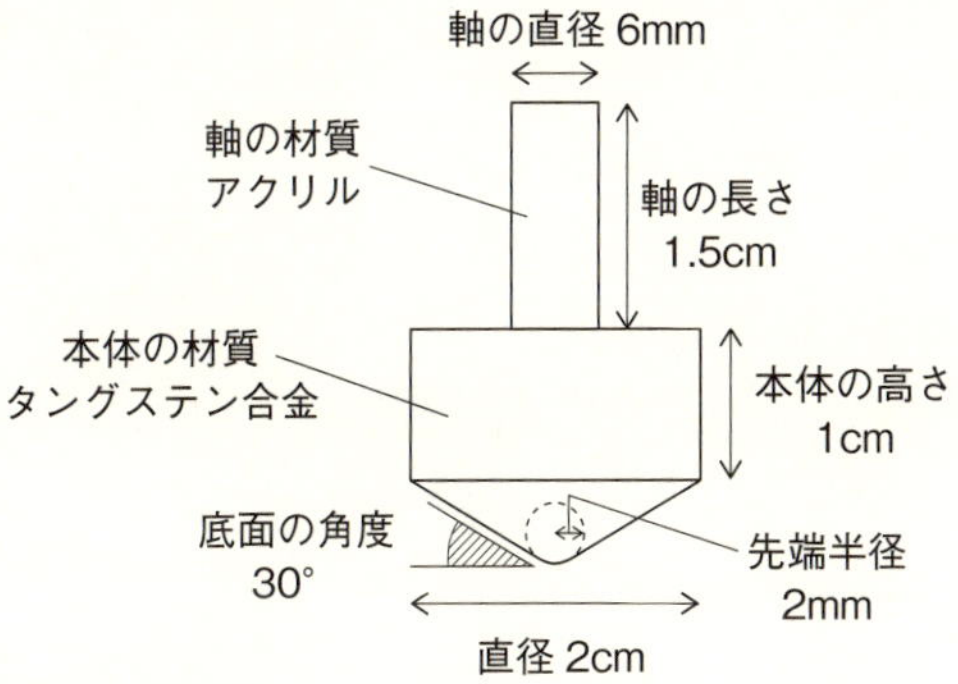

図3-10　理想の王道コマ

ました。これらの要素をすべて取り入れれば最強のコマの一丁あがりです。全日本製造業世界コマ大戦2015G2近畿ブロック予選で優勝した、上坂精工とアタイス工業株式会社と私のコマは、まさにそのようにして設計されました（図3-10、図3-11）。

すなわち、『本体の直径』は最大の2センチメートル、『本体の密度』はほぼ最高密度のタングステン合金、『本体の高さ』は力の弱い私でも回せるやや低めの1センチメートル、『底面の角度』は適度に30度ぐらい、『先端半径』も適度に2ミリメートルぐらい、そして『軸の太さ』は力が弱くても回せるように太めの6ミリメートル、『軸の長さ』は適度に1・5センチメートルぐらい、『軸の密度』は軽くて硬いアクリル製を選択しました。

このようなセオリー通りに作られたコマはいつしか王道コマと呼ばれるようになりました。第1回全日本製造業コマ大戦全国大会で優勝した株式会社由紀精密のコマも、王

図3-11　優勝した王道コマ

道中の王道コマでした。第１回の当時はこのように長く安定して回れば全国優勝が狙える時代でした。

　しかし、私の参戦した世界コマ大戦２０１５のときにはすでに王道コマの時代は陰りを見せていました。我々のコマは各地の予選で優勝したコマの中では唯一の王道コマだったのです。

第4章

進化する戦うコマ

王道コマを強く長く回せば勝てるという平和な時代は、あっという間に過ぎ去ってしまいました。これまでの単純化した議論からは思いつきもしなかった、千姿万態の異彩を放つコマが次々と誕生し、攻守多様なコマの戦国時代に突入したのです。それらのコマの活躍なしに、コマ大戦がここまで盛り上がることはなかったでしょう。ここではコマ大戦を盛り上げるのに一役買ったコマを王道コマを含めて7種類厳選してご紹介しましょう。

合気道のように勝つ「軽量型コマ」

軽すぎるコマよりも、適度に重いコマの方が強い。これまでそのように説明してきました。しかし、まるでピンポン玉でボウリング球に衝突して勝ってしまうようなコマが登場しました。軽量型コマです。王道コマは大体60グラム程度ですが、軽量型コマはわずか5グラム程度。10分の1以下の重さです。いったいどうやって軽量型コマで王道コマに勝つことができるのでしょうか?

私が全日本製造業世界コマ大戦2015 G2近畿予選で最初に対決したエナミ精機のコマも軽量型コマでした。エナミ精機は金属に無数のスリットを入れてまるでコンニャクのように柔らかくする加工を得意としていました。そのコンニャク加工技術で金属を軽くして軽量型コマに取り入れてきたのです(図4-1)。

エナミ精機は過去の大会でも好成績を残してきたチームですので、私は初戦敗退を覚悟してい

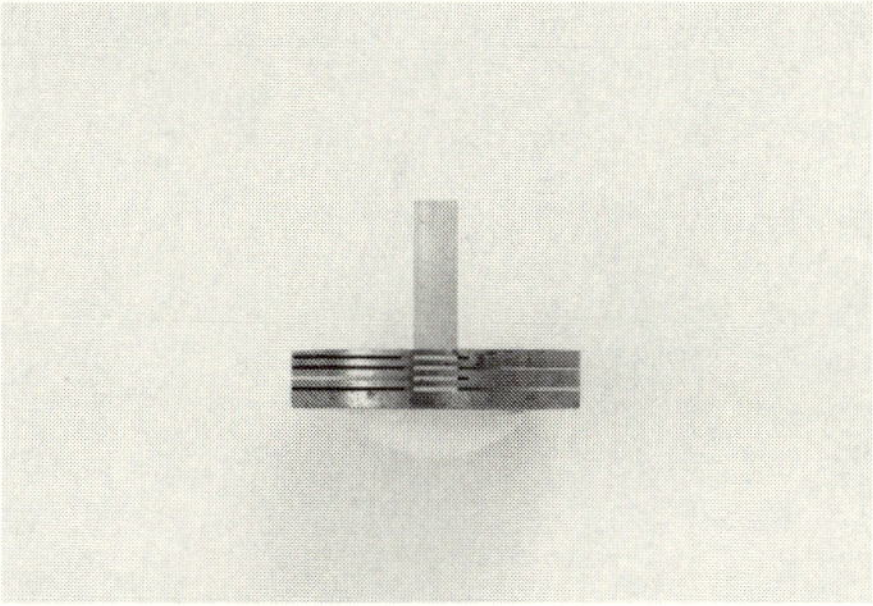

図4-1　軽量型コマ

ました。しかし、エナミ精機のコマはとても軽そうに見えたため、私は自分の王道コマが勝てると思いました。

　土俵上では王道コマと軽量型コマがお互いにぶつかり合いながら、回転速度が徐々に遅くなっていきます。しかし数分後、王道コマの回転が止まろうというなか、軽量型コマが粘りに粘って、最強のはずの王道コマがあっさり負けてしまいました。なぜこんなことになったのか、すぐにわかりました。なんと、軽量型コマは逆回転していたのです！

　コマを右手で普通に投げると、右回転（正回転）になります。私の王道コマも右回転でした。一方で、エナミ精機の軽量型コマは左回転（逆回転）になっていたのです。

　両方のコマが右回転のときは、お互いに回転の勢いを減らしあいます。しかし、王道コマが右回転で軽量型コマが左回転（逆回転）のときは、王道コマの回転の勢いを軽量型コマが奪い取っていつまでも回り続けるのです！　相手の力を利用して相手を倒す、さながら合気道のようです。より正確で物理的な説明は次項で行います。

このまま負けるわけにはいきません。王道コマで逆回転の軽量型コマに勝つには、こちらの王道コマも逆回転にすればよいのです。第2戦が始まります。私は最初に右回転のポーズをとります。すると相手は右回転に対抗するために左回転（逆回転）のポーズをとってきました。このままではまた負けてしまいます。そこで、行司が「はっけよい」の合図をした瞬間に、私は左回転（逆回転）のポーズにさっと変えました。すると、相手は左回転（逆回転）に対抗するために今度は右回転（逆回転の逆回転！）のポーズに切り替えてきたのです。

このままではまた負けてしまいます。そこで、行司が「のこった！」の合図をした瞬間に右回転に戻して投げました。すると、右回転どうしの同じ回転方向の対決となるため、セオリー通り私の王道コマが勝ちました。

このように、軽量型コマとの試合はまるでじゃんけん。王道コマの投げ手は相手と同じ回転方向になるように、軽量型コマの投げ手は相手と逆の回転方向になるように、相手の手の内を読みながら投げるのです。私が勝てたのは幸運でした。実は練習不足で右回転でしか投げることができなかったのです。近年は、左回転（逆回転）で投げられるのは投げ手として当たり前、右手と左手の両方で、右回転と左回転を使い分ける投げ手も登場しています。

世界一を決する全日本製造業世界コマ大戦2015の敗者復活戦でも、私の相手の高校生が軽量型コマを出してきました。見事に逆回転をとられ、敗北。私の投げ手としてのコマ人生は、軽量型コマへの勝利で始まり、軽量型コマへの敗北で終えました。

軽量型コマには決定的な弱点があります。それは常に相手のコマの回転方向の逆をとらなければ勝てないということです。軽量型コマの戦術はコマ大戦の常連の間には知れ渡っており、相手も逆回転をとられまいと回転方向にフェイントを加えてくる時代です。

また、近年は「はっけよい」のときに相手のコマとの間に軍配が置かれるようになり、相手の手を見て回転方向を見極めることが事実上できなくなりました。そのため、優勝するまですべての試合で逆回転をとり続けるのはほぼ不可能です。

このようにして、軽量型コマを用いて逆回転をとるという戦術は近年あまり見られなくなりました。しかし、逆回転は軽量型コマの専売特許ではありません。投げ方だけの問題ですので、あらゆるコマに応用できるものです。軽量型コマ最大の功績は、逆回転の要素をコマ大戦の基本戦術としてすっかり根付かせたことです。

軽量なコマが重量級のコマを打ち負かすシーンは大変感動的で絵になります。小さくても工夫次第で勝てるというのは、いかにも日本人的です。このような教育的な効果もあるため、コマ科学実験教室ではデモとして好んで使っています。

なぜ逆回転は強いのか？

それでは、なぜ逆回転の軽量型コマが強いかを物理的に説明してみましょう。逆回転の意義をハッキリさせるために、まずは両方とも同じ右回転の試合を考えてみます。重さ50グラムの王道コマと5グラムの軽量型コマを同じ回転速度（角速度）で回すと、王道コマは軽量型コマの10倍の回転の勢い（角運動量）を持っていることになります。この回転の勢いを仮に50と5としましょう。

このコマが土俵の真ん中でお互いに触れあっていると、摩擦でお互いの回転力を減らしあうような力（力のモーメント）が働きます。この力は実はどちらのコマにも同じだけ働きます。一般に物体Aが物体Bから力を受けているとき、物体Bは物体Aから方向が逆で大きさが全く同じ力を受けることになります。これを「作用反作用」の法則と言います。

すると、軽量型コマの勢いが5から0になって倒れるころには、王道コマの勢いは50から5だけ下がり、まだ45も残っていることになります。王道コマの圧勝です。

もし仮に軽量型コマを10倍の回転速度で回したとしましょう。そうすればコマの回転の勢い（角運動量）は両方とも50になります。このときは互角の戦いとなります。しかしながら、人間の手には2つの限界があります。力の限界とスピードの限界です。王道コマが強い真の理由は、人間の手で到達できる速度でぎりぎり回せる重さになっていることです。軽量型コマが5グラムだからといって10倍も速く回すことは難しいのです。このように、軽量型コマは普通に戦っては王道コマに勝つことはできません。

それでは、本題である王道コマと逆回転する軽量型コマの試合を考えてみましょう。まずは、王道コマと軽量型コマを同じ回転速度（角速度）で回してみましょう。ただし、王道コマは右回転、軽量型コマは左回転（逆回転）です。このコマが土俵の真ん中でお互いに触れあっているとき、互いに同じ回転速度ですので摩擦は働きません。よって、互いの回転力を減らしあうような力（力のモーメント）も働きません。そのため、しばらくは同じ回転速度で回転し続けるのです。

もし軽量型コマが王道コマより高速で回転していたら、軽量型コマは遅く回転する王道コマに引きずられて減速します。逆に、軽量型コマが王道コマより遅く回転している場合は、軽量型コマは速く回転する王道コマに引っ張られて加速するのです。どちらの状況にしても、このプロセスは軽量型コマの回転速度が王道コマと同じになるまで続くのです。つまり、逆回転するコマは同じ回転速度になるのです。

お互いに逆回転するコマの回転数が同じになって、回転速度を削りあうようなことがなくなっても、コマは徐々に減速していきます。第1章で述べたように、地面と空気との摩擦があるからです。両方のコマの回転速度は同じペースで徐々に遅くなっていき、いよいよグラグラと立っていられないという状況になります。では、同時に倒れて必ず引き分けになるのでしょうか?

最後の最後にものをいうのは低速回転時の安定性になります。第2章で述べたように、回転速度が同じであれば、重心が高いコマは低いコマよりも先に倒れてしまいます。王道コマは低重心とはいえ重さを稼ぐために高さが2センチメートル程度あるのが普通です。これに対して軽量型コマの高さはわずか5ミリメートル程度と圧倒的に低重心です。すると、王道コマのほうがわずかに先に倒れてしまい、その直後に追いかけるようにして軽量型コマも倒れます。

よく、軽量型コマは王道型コマからエネルギーを奪って勝つ、という表現がなされます。しかし、軽量型コマが勝つ真の理由は、低速回転時の安定性による最後の粘りにあるのです。ですので、この戦術で勝つには、より軽量であるだけではなく、より低重心である必要があります。

それでも、実際の逆回転の戦いは肉眼では区別できないぐらいの引き分けになることが一番多く、行司泣かせの展開となります。延々と引き分けの判定をすれば試合が長引き、今度は運営泣かせの展開に発展します。

私のような解説者にとっても大変な点があります。それは、投げ手にしかわからない右回転や左回転などの回転方向を、わずかな情報から判断しお客様に伝えなければならないからです。第2章ではコマの回転方向はその軸の首ふりの回転方向と同じなのでそこから判断できると述べました。しかし、お互いにぴったりくっついているコマは首ふりの運動が見られないため、この方法では回転方向の見極めができません。この場合は、２つのコマの反発具合をヒントにします。カツカツ打ち合って反発していればお互いに同じ回転方向、まるで滑らかにかみ合うギアのように静かに回っていればお互いに逆回転の可能性が高いです。

直径2センチメートルを超えろ！「開き系変形型コマ」

コマの直径は２センチメートル以下。コマ大戦の最も重要なレギュレーションです。ところが、直径が２センチメートルを大きく超えるコマが大会に出場してきました。とはいってもレギュレーションはしっかり通過しています。いったいどういうことでしょうか？

遠心力で開いて直径が広がる、開き系変形型コマの登場です。

開き系変形型コマは図４－２のようにコマの軸と、それを取り囲む３本の腕から構成されています。開く前は３本の腕がキュッと閉じて縦長な形をしています。この時点での直径は確かに２センチメートル以下です。ところが、コマを回すとどうなるでしょうか？

なんと、３本の腕に遠心力が働き外側にパカっと開いて変形するのです！　このとき直径は約５センチメートル程度で数倍大きくなっています。

では腕が開くとどのような良いことがあるのでしょうか？　図４－２のように腕は斜め上方向

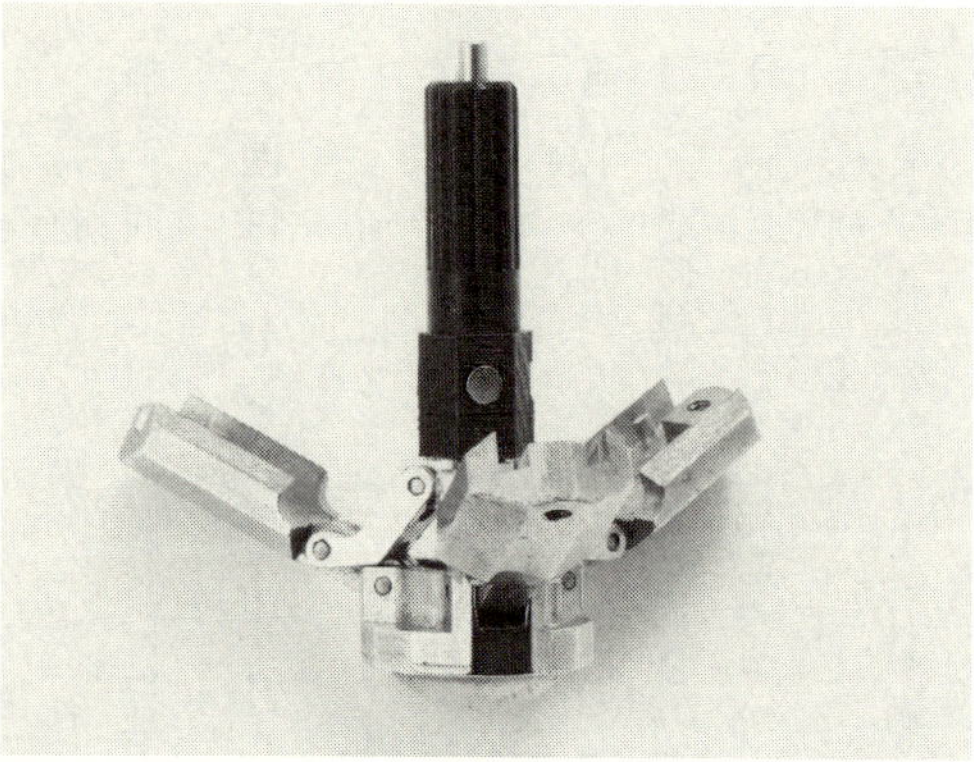

図4-2　ねこパンチ

に開くように設計されており、ちょうど相手の王道コマの軸を薙《な》ぎ払う高さに来るのです！　第2章の「コマは倒そうとしても倒れない」で述べたように、コマは軸の上を攻撃されると倒れやすいのです。もちろん開き系変形型コマもその反動を受けますが、力の方向を考えると腕の回転速度が減速するだけで、倒されることはありません。これが開き系変形型コマの強さの最大の秘密です。

このような動きからタカノ株式会社の開発した初代の開き系変形型コマは「ねこパンチ」の愛称で呼ばれています。ねこパンチは第2回コマ大戦全国大会で見事2位に輝きました。

開き系変形型コマが登場した当時は、試合の最中にコマの直径が2センチメートル以上になるのは反則なのではないか？　という審議になったそうです。一方で、変形するという派手なギミックがTV等でこぞって紹介され、コマ大戦の宣伝塔の役割を果たしました。中小企業をお茶の間に届けるというコマ大戦の目的に一役買ったのです。その後、開き系変形型コマは出場が認められましたが、回転後の静止状態が回転前の形状、すなわち直径2センチメートル以内に自動的に戻っていなければ一敗とする、という一文がルールに追加されました。要は、開いてもいいけどちゃんと戻れよ、ということです。

開き系変形型コマの大進化

それからというもの、開き系変形型コマは大流行し、もはやコマの既成概念を超えた多種多様な派生が生み出されました。真ん中がくの字形に飛び出す有限会社斉藤プレスの「斉藤モンスター」（図４‐３左上）。ねこパンチとは逆に下側が笠のように開く株式会社キャステムの「鬼日向」（図４‐３右上）。上側が真横に大きく開き直径が15センチメートルにもなる有限会社カジミツの「風林火山」（図４‐３左中）。これらの開き系変形型コマはそれぞれ南関東、西日本、中日本の地区予選大会の優勝を総なめにし、世界コマ大戦２０１５への出場権を手にしました。

このままでは開き系変形型コマは直径が2センチメートル以内というルールの下で長さは際限なく長くなり、開いたときに土俵を埋め尽くして勝負にならなくなってしまう。そういう懸念から、世界大会の前に、コマの高さは6センチメートル以下、という新しい制限が加えられまし

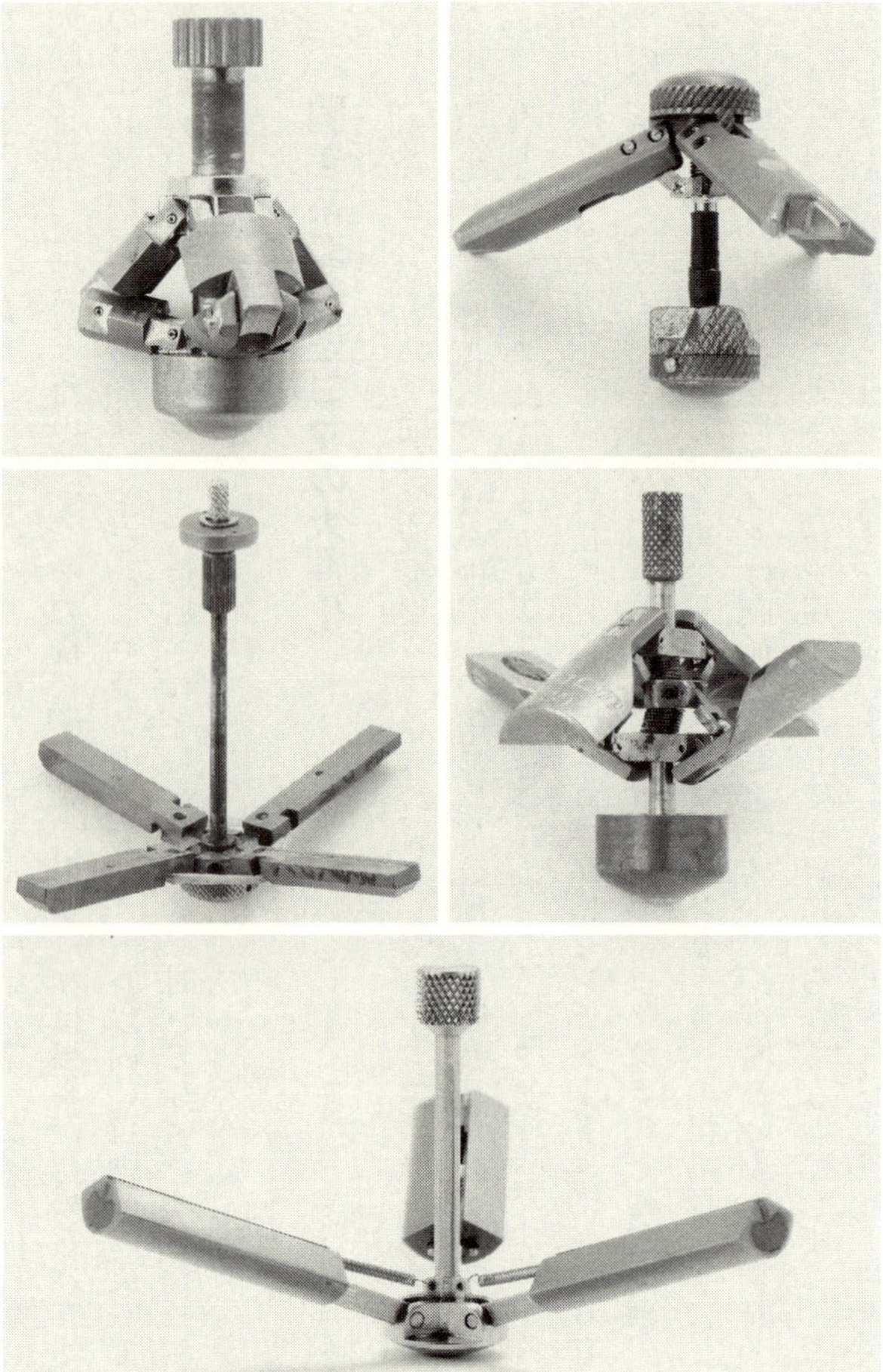

図4-3　開き系変形型コマ

た。この6センチメートルという値の選択は実に絶妙でした。この高さのコマがめいっぱい開くと、以前のような無双の強さは影を潜め、ちょうど王道コマといい勝負になるか、むしろやや負け越すことになりました。

斉藤プレスとキャステムは予選で優勝した開き系変形型コマにこだわって世界大会に出場しました。両者とも優勝候補の一角でしたが、共に一回戦敗退という番狂わせとなりました。敗者復活戦では奇しくも斉藤モンスター対キャステムの鬼日向の対決となりました。開き系変形型コマどうしの戦いはコマ大戦の中でも最も壮絶なものになります。接触した瞬間にお互いが両方とも場外に飛ばされます。最終的には斉藤モンスターが勝利を収めました。

しかし、キャステムにはタイからの刺客、キャステムサイアムがまだ本選に残っていました。彼らはなんと、上下上下とジグザグに4本の腕が開くコマを繰り出してきました（図4－3右中）。日本の発想にはないエキゾチックなデザインが会場の目をくぎ付けにしていました。それから2年、株式会社岩沼精工は高さ6センチメートルという制限を打ち破るかのような2段階に開くコマを繰り出し、第3回全国大会の2位に輝きました（図4－3下）。

開き系変形型コマはその見た目の派手さから大人気です。その極みが有限会社スワニーのサクラコマです。回すと花びらが開いて桜が咲くという芸術的なコマです。暗闇でストロボライトを照らすと花びらがはっきり見え、私のコマ科学実験教室でも大人気のコマです。

開くとなぜ強い？

では、開き系変形型コマはなぜ強いかをもう少し物理的に説明してみましょう。

まずは、開くことで慣性モーメントがどの程度変わるかを定量的に見てみましょう。図4－4のような1本100グラムの3本の細い腕でできた、開き系変形型コマの簡略化したモデルを考えてみます。開く前は、中心から1センチメートルのところに長さ6センチメートルの腕が3本縦に立っています。このときはすべての質量が中心から1センチメートルのところに集中していますので、慣性モーメントにすると300グラム平方センチメートルになります（詳しい計算は図を参照）。

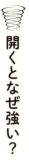

今度は、コマが開いて、中心から1センチメートルのところから7センチメートルのところまで3本の腕が横に倒れている場合を考えます。詳しい計算は省きますが、慣性モーメントは5700グラム平方センチメートルになります。開く前は300、開いた後は5700ですから、約20倍も慣性モーメントが大きくなっているのです！　もちろんこれは簡略化したモデルでコマ全体が極限まで開いたときの最大限の見積もりですが、実際のコマでも5倍程度慣性モーメントが上昇していると考えて大きな間違いはありません。

しかしながら、慣性モーメントが20倍大きいからといって20倍強いわけではもちろんありませ

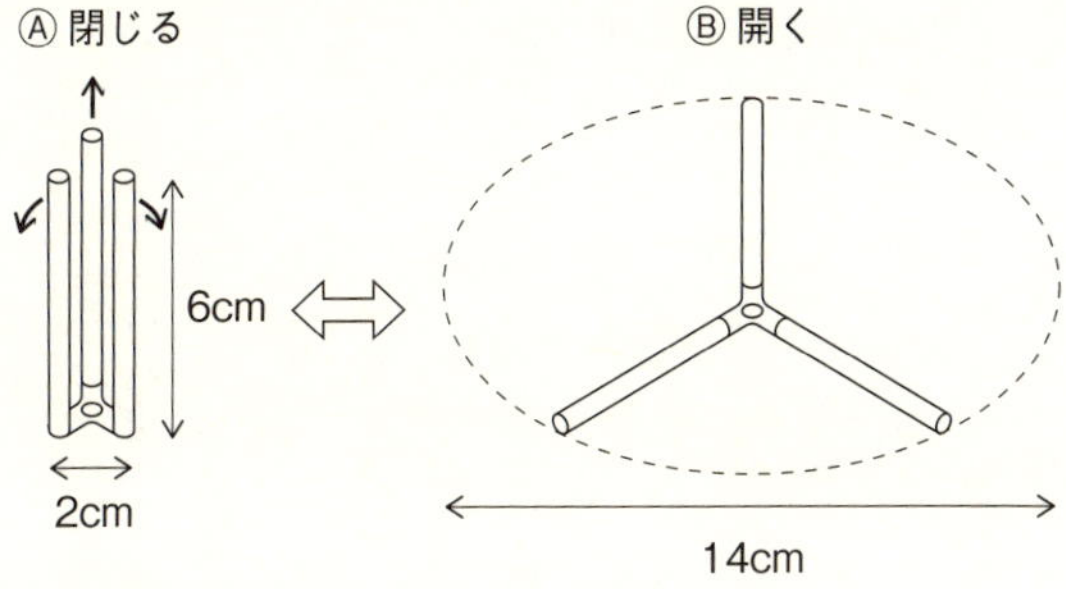

Ⓐ $3 \times 100\text{g} \times 1\text{cm} \times 1\text{cm} = 300\text{gcm}^2$

Ⓑ $3 \times 100\text{g} \times \left(\frac{6\text{cm} \times 6\text{cm}}{12} + 4\text{cm} \times 4\text{cm} \right) = 5700\text{gcm}^2$

図4-4　開き系変形型コマのモデル

ん。人間の指の回す力は同じですから、回転の勢い＝回転速度×慣性モーメントでしたので回転速度は20分の1に激減してしまうのです。第2章の「それでもコマは必ず倒れる」で述べたように、回転速度が落ちるため、開き系変形型コマの寿命は短くなります。

しかし、ここで面白いことに気が付きます。第3章の『本体の高さ』の比較では、慣性モーメントを高めると重心も高くなり、寿命は数秒まで激減していました。しかし、開き系変形型コマの場合には、開くことで慣性モーメントを高めるとむしろ重心が下がるのです。図4－4の場合では、重心の高さは3センチメートルから0センチメートルに大幅に下がっています。するとと、重心に関しては開き系変形型コマの寿命は長くなります。これが開く系コマの隠れた強さの秘密なのです。このことから、どうせ開くのであれば上側を大きく開いて土俵ギリギリまで下げてきたほうが良いこともわかります。

以上の相反する効果の結果、実際の開き系変形型コマの寿命は大体1分程度になります。王道コマの5～10分程度の寿命に比べれば段違いに短いものです。しかしながら、たった1回でも王道コマにヒットすれば瞬殺できるわけですから、1分という時間は十分なのです。

では開き系変形型コマは無敵なのでしょうか？　このコマにも例外なく弱点があります。

1つ目は、攻撃を避けられてしまう場合があることです。開き系変形型コマの戦略は知れ渡っていますので、相手はコマを逃げ回るように動かして投げてきます。相手をとらえるのに失敗した開き系変形型コマは土俵の真ん中でわずか1分の寿命を終えて敗北します。そのため、試合が始まった直後に、いかに相手にぶつかりに行くかが勝負のカギとなります。このように開き系変形型コマは短命の短期決戦型のコマなのです。

2つ目は、攻撃を耐えられてしまう場合があることです。近年の王道コマの重量化により、開き系変形型コマの攻撃を耐えてしまう場合も出てきました。より強く投げればいいのですが、それにも限界があります。

3つ目は、そもそも投げるのが難しく、失投が多いことです。開き系変形型コマは、コマが開いている状態で回すのではなく、閉じた状態から開きながら回します。この短い間に、慣性モーメントは激増しますから、指が滑ってしまうのです。コツは少し回して開いてから本気で回すという2段階で回すことと言われています。

有限会社カジミツの開き系変形型コマ「風林火山」には、軸にベアリングをつけることで、指でキープしたまま繰り返し追加回転できる仕掛けがあります（図４－３左中）。これにより、開いてから回すことで３つ目の弱点を、繰り返し回転の勢いを与えられることで２つ目の弱点を回避しました。さらに、土俵半分ほどに開いた状態で土俵全体を舐め回す投法で１つ目の弱点も回避しました。前例のないこの投げ方は審議になりましたが、中日本予選を制しました。

私も一度だけ開き系変形型コマと直接対決したことがありました。世界コマ大戦の近畿予選のときのことです。相手は高校生と先生のチームでした。我々のチームは王道コマであったため負けると思っていましたが、相手チームに失投が続き、我々の王道コマが勝利しました。

開き系変形型コマは作るのも難しければ、投げるのも難しいコマなのです。このコマは私の戦利品の中では唯一の開き系変形型コマで、コマ科学実験教室で大切に使っています。この高校生チームは水道管の蛇口の中にあるケレップ（これもコマと呼ばれている）を使った子供向けのコマ教材を開発しており、今でもコマ教育の交流があります。

倒れても立ち上がる「高重心型コマ」

うまく回すことができれば絶大な強さを発揮する開き系変形型コマは、当時無敵とも思われていました。ところが、その執拗な攻撃に耐えて圧勝してしまうコマが登場したのです。武骨なコマではありません。なんと重心を高くした軽快な高重心型コマでした。コマは重心が低いほうが強い。本書の中でもそのように説明してきましたし、コマ大戦の参加者の間でもずっとそう信じられてきました。いったいなぜ、高重心型コマが開き系変形型コマに勝利することができたのでしょうか。

高重心型コマは本体の重心が地面から2センチメートル程度上にあり、長い棒で地面に立っています（図4－5）。不安定に見える本体を支えるかの如く、接地面の曲率半径がかなり大きくなっているのがもう一つの重要な特徴です。有限会社増田工作所の作成した高重心型コマは、片足で立って眠るフラミンゴに似ていることから、フラミンゴコマの愛称でも呼ばれています。一方で、有限会社スワニーは本体が球状の親しみやすい高重心型コマを製品化、倒れない＋トルネード＝タオレネードという名前で販売しています。

これらの高重心型コマは一見するとバランスを崩してすぐに倒れてしまいそうです。しかし、回してみると安定して立ち続けます。第2章で学んだ「角運動量保存」と「歳差運動」のおかげ

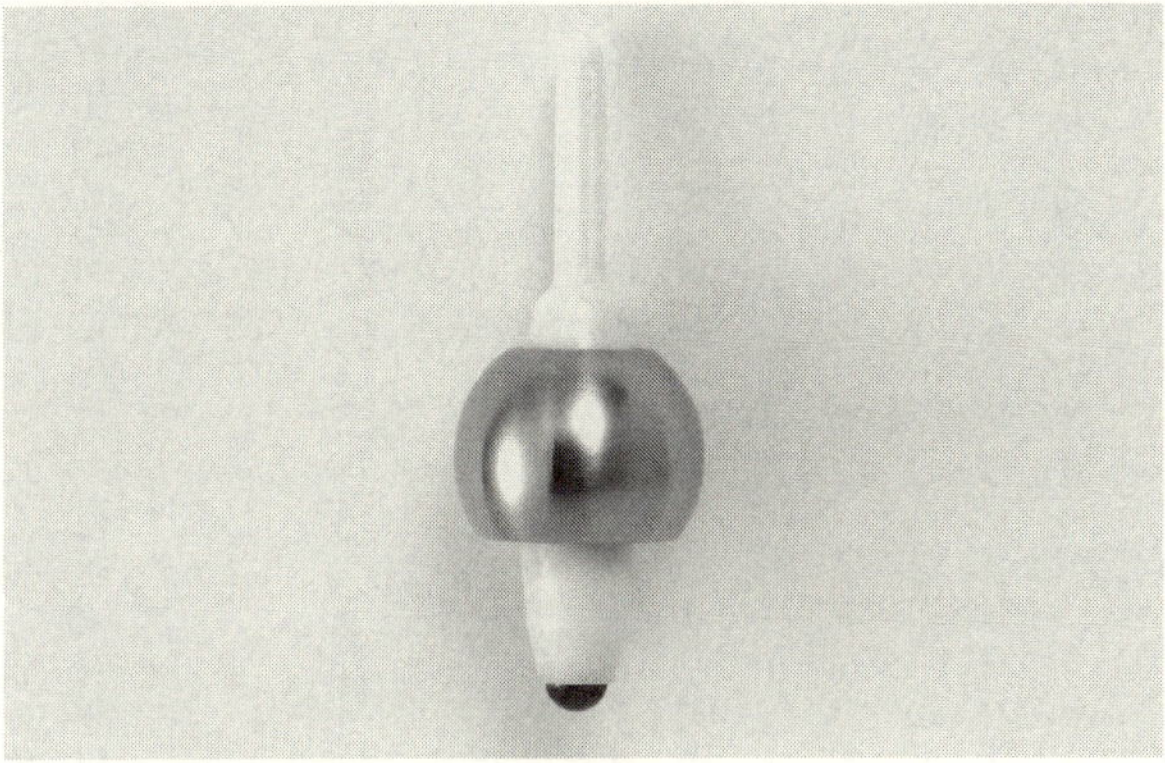

図4-5　高重心型コマ「タオレネード」

です。

では、このコマの軸を指で思いっきりはじいてみたらどうなるでしょうか？　なんと、ほとんど横倒しになった状態から立ち上がるのです！　これが、強さの秘密です。開き系変形型コマの腕が高重心型コマの軸を幾度となく薙ぎ払おうとも、思いっきり倒れかけた状態から立ち上がるのです。初めてこのようなコマが登場したときは、一大センセーションを巻き起こしました。高重心型コマは、まさに開き系変形型コマの対策のために投入されたのです。

高重心型コマのおもちゃであるタオレネードは、私のコマ科学実験教室では大人気です。大人はお行儀よくコマの軸の上の部分を指ではじいて立ち上がるさまを観察します。しかし、子供はそんなものではありません。横から思いっきりビンタしたり、蹴り飛ばしたり、棒でだるま落としのように足をたたいたり、ありとあらゆる方法でコマを倒しにかかります。ひとたびコマが倒れればまた回し、回ったらまた倒しにかかる。このコマはそんな子供心をぐっとつかんだ最高の教材です。また、子供は新しい遊びを発明する天才です。タオレネードを使ったゴルフや羽根つき、ホッケーなど様々なコマの技やスポーツが誕生しました。

重要なのは高重心より丸い先端

では高重心型コマはなぜ立ち上がるのでしょうか？　高重心でバランスをとって立っている、という説明を聞くことがあります。しかし、これは見かけの動きから受ける印象を述べているだけで、立つ理由の説明ではありません。実は、立ち上がる理由は第2章の「コマは自然にまっすぐに立ち上がる」でばっちり説明済みなのです。

復習すると、接地面の形状が丸まっていることが神髄で、地面との摩擦によりジャイロ効果で立ち上がります。また、高重心であるほど速く立ち上がります。そして、高重心であることはコマ大戦の戦いの中でそれ以上の効果があったのです。

第2章でコマが立ち上がる理由を説明したときに前提としていたことがあります。それは、コマが少し傾いても接地面がしっかり地面に接しているということでした。コマの傾きが、10度や20度であればそれは成り立っています。

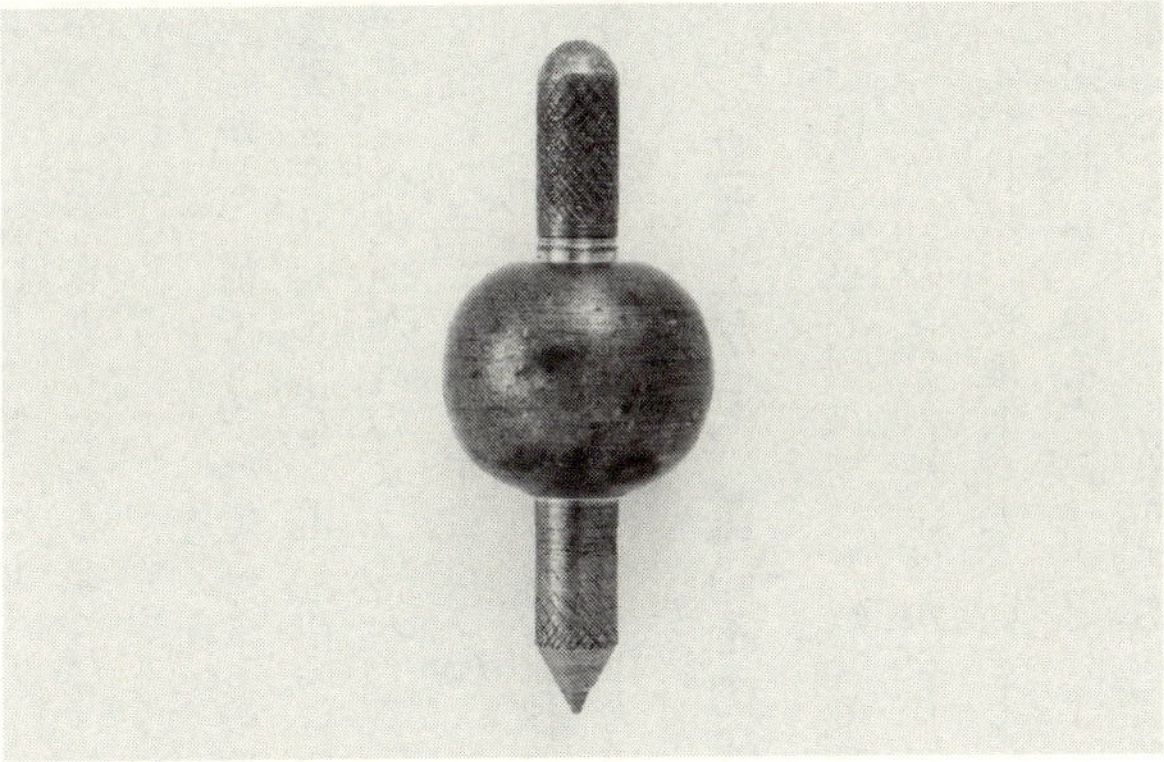

図4-6　重心が高く、先端が針のように尖ったコマ

しかし、コマ大戦では、相手とぶつかり合うことで場合によっては80度程度傾くこともよくあります。普通の本体底面の角度が30度くらいの王道コマであれば、コマ本体の側面が地面に擦れて回転が止まってしまいます。

では、それを防ぐにはどのような形状であればよいでしょうか？　その答えが、高重心型コマの形状なのです。本体が上のほうにあり、接地面が下に突き出していれば、思いっきり傾いても辛うじて接地面が地面に触れることができます。接地面が地面に触れていればこっちのものです。摩擦力によるジャイロ効果で不死鳥のごとく復活します。高重心であるのは、大きく傾いても丸まった接地面が地面をとらえるためだったのです。

高重心なだけで、先端が針のように尖ったコマを試作してみたことがありました（図４－６）。回してみると、一瞬にして傾いてしまい、立ち上がる効果が全くないことがすぐにわかりました。立ち上がるには、高重心であることだけでは不十分で、先端が丸いことが条件であることがはっきりわかりました。

しかし、何でもやってみるものです。その後このコマは今まで一度も見たことのない実に奇怪な動きを見せました。重心が高いため、コマが傾く反動で接地面のほうが動かされてしまうのですが、接地面が針のように尖っているため、滑らかに動くことはありません。ピッカピカのお皿を濡れた手で強くこするときのように、キュッ！ キュッ！ キュッ！ キュッ！ という音を立てて不連続に動き、ものの数秒で倒れてしまいます。その動きはもはやコマのそれではなく、むしろ新しいおもちゃの誕生とも言えます。

立ち上がる、重いその代償

では、高重心型コマは無敵なのでしょうか？ ほかのコマ同様、決してそんなことはありません。実はこのコマの寿命はかなり短めなのです。その理由は大きく3つあります。

1つ目は、接地面が大きいことによる摩擦の増大です。

2つ目は、重心が高いことによる寿命の低下です。第2章の「それでもコマは必ず倒れる」で述べたように、同じ条件であれば高重心型のコマは重心の低い王道コマよりも早く倒れます。

３つ目は、立ち上がるときに起ることです。コマが倒れかけたときに接地面が回転軸からずれてより強い摩擦が働きます。その摩擦によるジャイロ効果のおかげで立ち上がるわけです。しかしながら、その強い摩擦のため大きく減速します。実は、このコマは自らの回転の勢いを消費して、その代償として立ち上がっているのです。倒れかけたものがタダで立ち上がること絶対にできません。それはエネルギー保存の法則に反してしまうのです。その証拠に、叩きまくれば寿命が短くなることがわかります。

ここで大変面白いことに気が付きます。王道コマを吹き飛ばして勝つ開き系変形型コマ、開き系変形型コマの攻撃に耐えて勝つ高重心型コマ、そして高重心型コマに安定性と寿命で勝つ王道コマ。まるでじゃんけんのような関係があるのです！　これがコマ大戦を面白くしている最大の理由でしょう。これぞ最強というコマは存在しないのです。

実際の試合で開き系変形型コマはそうそう登場するものではありません。世界大会のような最高レベルの戦いでも１割程度です。すると、高重心型コマは開き系変形型コマに勝つという大きな見せ場は作れるかもしれませんが、大多数の王道コマには負けることが多く、トーナメントで上位に残るのは難しいのです。そのため、高重心型コマはあまり主流ではなくなりました。

高重心と低重心を切り替える

しかしながら、この弱点を見事に克服する高重心型コマが登場しました。重心の高さを自由自在に変えられるコマの登場です。重心を高くすれば高重心型コマに、重心を低くすれば王道コマに変形することができます。重心系変形型コマとでも呼ぶことができます。もし、相手が王道コマのときは低重心の王道コマモードで堅実に戦い、相手が開き系変形型コマのときは高重心型コマモードで華麗に逃れるという戦法です。

とはいっても重心をどのように変えればよいのでしょうか？　大きく分けて2種類の方法があります。一つは、コマの本体と軸が分かれていて、軸がスライドできるタイプです（図4-7）。試合では相手の手の内を見極めながら、投げ手が手で簡単に上下に高さを調節できる必要があります。一方で、コマの回転中はピッタリ固定され、軸が横方向にぐらつかないようにしなければなりません。このように、上下には簡単に動かせるが、横にグラグラしないという一見相反する要求を満たすコマを作るのは簡単ではありません。作り手に高い技術を要求します。

もう一つの方法はそのような変形の伴わない方法です。王道コマの軸の一番上に球体を入れ込むなどして丸くします。すると、なんと上下逆さまで回すとあっという間に高重心型コマの完成です。この方法は可動部分がないため比較的簡単に作成できますが、コマを逆さまにかつ強く投

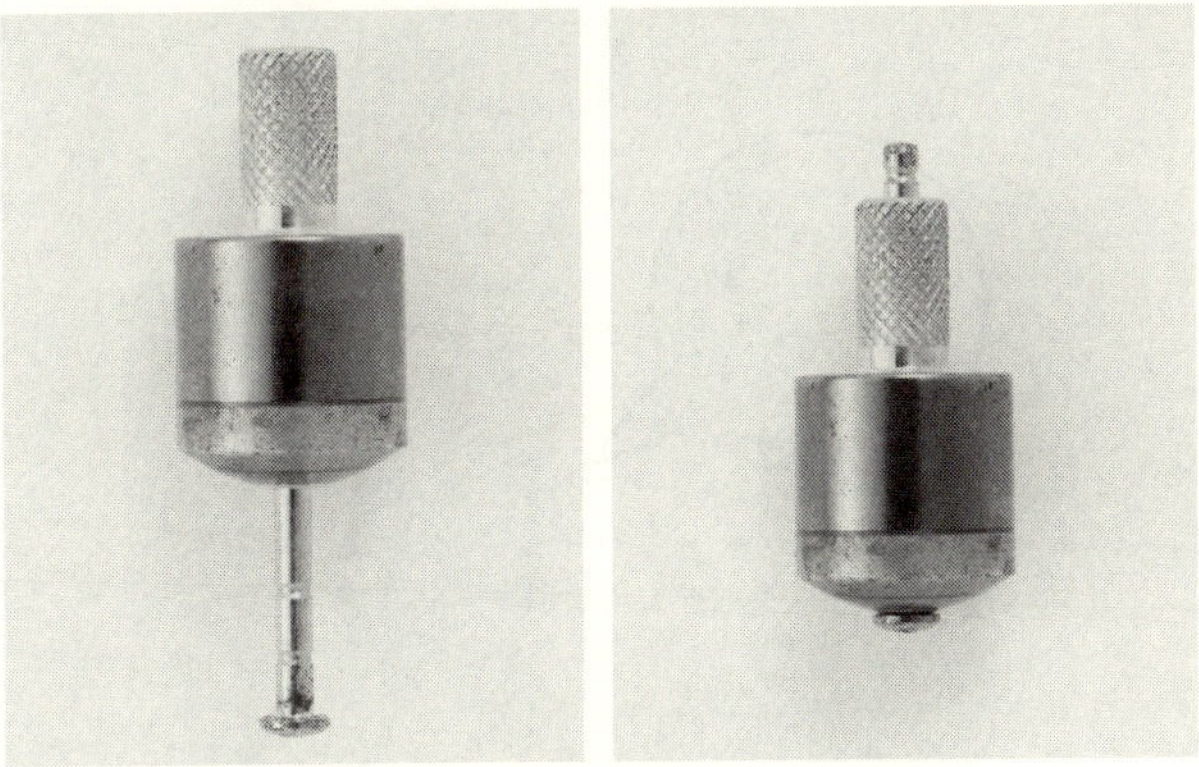

図4-7　高重心と低重心を切り替えられるコマ

げる必要があるため、投げ手に高い技能を要求します。コマ大戦史上最もパワフルと言われていた投げ手がいました。その投げ手は、このようなコマをどちら向きにも力強く投げることができ、試合では常に好成績を残しています。

　このように、常に高重心で戦う高重心型コマこそ影を潜めましたが、重心を上げ下げすることはほとんどのコマに取り込むことができるため、高重心と低重心を切り替えることはコマ大戦の基本戦術としてすっかり根付きました。

瞬殺！　「イボ型コマ」

　全日本製造業世界コマ大戦２０１５　Ｇ２近畿予選でのことでした。行司の「はっけよい、のこった！」の掛け声とともに、両チームとも王道コマを投げたように見えました。しかし、コマとコマが触れた瞬間

図4-8　イボ型コマ

に、謎の力で相手のコマが場外に吹き飛ばされてしまいました！　相手は、なぜ吹き飛ばされているのかわからず呆然としています。この試合で勝利したチームレンタルのコマは、ほぼすべての試合で相手を一発場外で瞬殺、一躍優勝候補の筆頭に上がりました。いったい何が起こっているというのでしょうか？

実はこのコマ、遠目に見ると王道コマのように見えますが、図4－8のように2ミリメートル程度の非常に小さな突起が王道コマに付いたものだったのです。これがイボのように見えることから、イボ型コマと呼ばれています。実際の試合では他チームのコマを手に取ってじっくり調べる機会はありません。そのため、イボの存在はわからず、一見すると王道コマのように見えていたのです。このイボが相手のコマにヒットし、場外へ吹き飛ばしていたのです。

イボ型コマと言うとなんだか特別なコマのようです

が、ベーゴマやベイブレードなどの戦うコマはみんな突起や凹凸をつけた一種のイボ型コマになっています。コマ大戦でイボ型コマの発明がかなり遅れたのは、やはり軸対称でバランスのいい王道コマが強いという固定観念があったからかもしれません。そんなイボ型コマも、近年一番流行っているコマの一つです。

イボの数は少ないほど強い？

一口にイボ型コマと言っても、これまでに様々な大きさや形、数や位置のイボを持ったものが登場してきました。一つの丸いイボ、四角いイボのもの、複数のイボを縦に並べているもの、一周するように横に並べているものなどです。みな、どのようなイボが一番強いか研究に研究を重ねて出場しているのです。では、物理的な観点から一番強いイボを考えてみましょう。

まず、コマを横方向に一周したときの理想のイボの数を考えます。普通のつるつるの円形のコマが戦っているときは、お互いにやり取りしている力はほとんどが回転方向の摩擦です。コマとコマを反発させるような力はあまり働きません。そのためくっついたままスリスリと触れ合いながら回転しています。しかし、イボがあると相手のコマに強くぶつかってコマとコマが反発する方向への力が働きます。

では、一周に一個だけイボがあるコマと、一周にギアのように複数のイボがあるコマではどちらのほうが良いでしょうか？　一個だけの場合は、イボが一周して相手にぶつかるまで時間がかかるので、十分に相手のコマをひきつけてからストレートパンチで一気に吹き飛ばします。一方でギアのように複数あるときは、イボが次々とやってくるため、相手との間合いは縮まらず弱いジャブを繰り返し吹き飛びません。このように、コマを横方向に一周したときの理想のイボの数は一つで十分なのです。

では、垂直方向にはイボをいくつ配置すればいいのでしょうか？　これは答えの出ない問題です。イボが一つだと、相手のコマが低かったり高かったりすると空振りする場合があります。様々な高さのコマに対応するには上中下と2～3個イボをつけるのが常套手段です。

最後に、イボの形状も重要です。相手のコマに引っかかるエッジの効いた形が理想的です。そのため、力を受け流すような丸みを帯びた突起ではなく、一気に力を伝える立方体や円柱などの角が立った形状が理想です。このような場合は、突起の大きさはわずか2ミリメートル程度で十分です。

強さの秘密は重さ

では、イボがあるとなぜ攻撃になるのか、より詳しく考えてみましょう。イボは一見すると攻撃をしているように見えます。しかし、一方的な攻撃や防御は存在しません。すでに説明したように、力はすべてお互いに及ぼしあう相互作用なのです。イボで攻撃するということは、その瞬間に同じ力で反撃されているのです。

なぜイボ型コマは攻撃できるのでしょうか？　実は、その重さに秘密があるのです。イボが当たってコマ同士が強い力で反発するときに、重さの差が2倍あれば軽いほうが2倍の速さで吹っ飛んでいきます。つまり、イボ型コマは自分自身が吹っ飛ばないように相手よりも十分に重い必要があるのです。軽いイボ型コマを作っても、攻撃しているつもりですっ飛んでいくのは自分です。イボがどちらのコマについているかは関係がないのです。

このようなイボ型コマにもやはり弱点があります。イボ型コマはその戦略上必ず重くなければなりません。重いということは縦に長くもなります。このような重くて重心の高いコマは寿命が短く倒れやすいのです。さらに、イボの分だけわずかですが直径が小さくなり慣性モーメントも不利になります。

イボ型コマと王道コマの対決を考えてみましょう。通常の王道コマであれば土俵の外に吹き飛ばすことができますが、やや重めの王道コマの場合は吹き飛ばしても土俵際で粘り戻ってきます。一番強力なファーストコンタクトで吹き飛ばせなかったらもはやそれまで、持久戦に長ける王道コマに負けてしまいます。このような弱点を解消するために、最近ではイボを出したり引いたりできるイボ系変形型コマも登場しています。相手が自分より十分軽ければイボを出し、重く

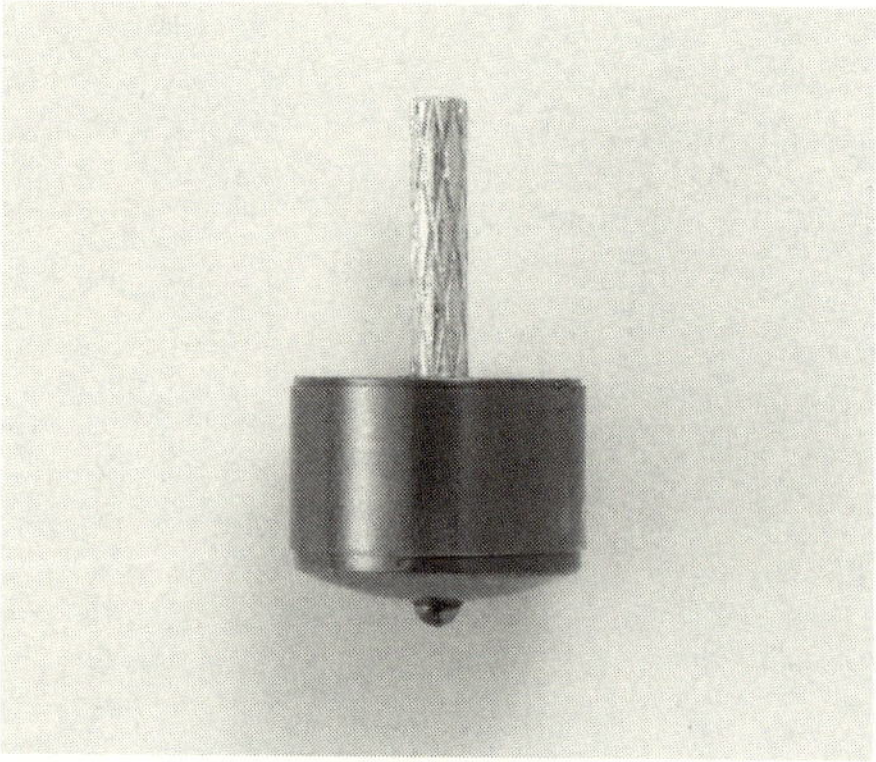

図4-9　人肌ゲルをまとったコマ

吹き飛ばせる見込みがなければイボを引っ込めるというわけです。

世界コマ大戦ではイボ型コマの極みとも言えるコマが登場しました。五光発條株式会社のイボ型コマです。高さは5センチメートル程度もあり円柱状のエッジの効いたイボが縦に複数ついています。

イボの代わりに摩擦の強いラバーやゲルをまとったイボ型コマと王道コマの中間的なコマも登場しています。相手を吹き飛ばすよりも回転力を削ぐほうに重点を置いていますが、相手と強い相互作用が働けばなんでもよいのです。有限会社シオンのコマも人肌ゲルをまとったコマ（図4-9）で、見事に第2回全国大会の勝者となりました。世界コマ大戦ではインドネシアからの刺客、サントソテクニンド インドネシアSTIチームが非常に強力なイボ型コマを繰り出し見事に準優勝となりました。

無敵？　絶対防御！「ベアリング型コマ」

解説者席から初めてこのコマを目にしたときは、何が起きているのか全くわかりませんでした。王道コマと対戦するそのコマは「カチャ、カチャ……」と高く軽い音がなっていました。いつもの低く重い金属の衝突音を聞きなれている我々は、すぐにそのコマの異常性に気が付きました。実況の黒椙田さんから解説者の私に説明が求められましたが、「プラスチック製のコマがぶつかる音では……」と言うことぐらいしかできませんでした。

見た目は半透明のプラスチックのような色合いをしています。試合が続くとそのコマの動きが止まり、一見して試合が決したかに思われました。しかし、なんと、コマは倒れることなく再び自ら回転を始めるではありませんか。その振る舞いから、私は「モーターが仕込まれているようです」とコメントしました。しかし、コマ大戦ではコマが一回でも止まったり、逆回転を始めたりした場合は一敗となるルールになっています。そのため、一瞬止まったかに見えたそのコマは行司に一敗を食らいました。しかしながら、投げ手である中村ターンテック株式会社から物言いがつきました。コマの接地面は常に回転しているから問題ない、とのことです。行司も納得し敗北が取り消されました。いったい何が起こっているのでしょうか？

実は、このコマは図４－10のように、軽くて薄い外側とコアをなす内側がベアリングで別々に

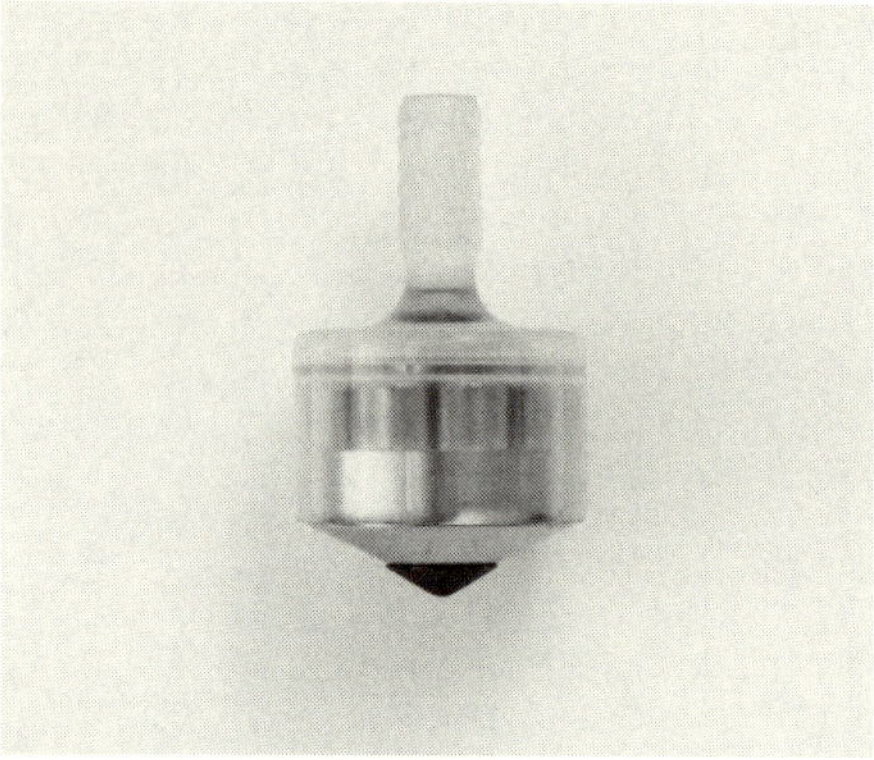

図4-10　ベアリング型コマ

回るようになっていたのです！　そのためベアリング型コマと呼ばれています。このコマを回すと最初は王道コマのように普通に回転します。

では、この状態で敵のコマが衝突してきたらどうなるでしょうか？　軽い外側は回転を遅めたり、止まったり、場合によっては逆回転をしたりします。しかし、外側が受けたダメージがベアリングを通して内側に伝わることはないため、内側は何事もなかったかのように回転を続けるのです。すなわち、このコマは相手の攻撃を全く受け付けない、まさにイージスの盾のような鉄壁の防御を誇る無敵のコマと言えます。

ベアリング型コマの良いところは、何もコマ大戦での強さだけではありません。コマの外側と内側が別々に回っているので、回転させたまま指でつまむことができます。これを応用するとコマを回転させたまま手でつまんで移動するというちょっとした手品ができます。また、ベアリング型コマを手でつまんで横に倒そうとすると、ジャイロ効果による不思議な力を体験することができます。このようにベアリング型コマには手品や科学の要素があり、こどもコマ科学実験教室では欠かせないとても人気のある教材です。

本当に無敵か？

では、ベアリング型コマは本当に無敵なのでしょうか？　ほかのすべてのコマ同様に、このコマにも例外なく弱点があります。実はこのコマは相手の攻撃を全く受け付けない反面、相手を攻撃することも全くできないのです。すでに説明したようにすべての力は「作用反作用」の法則にしたがう相互作用の形をとっています。ということは、ベアリング型コマが相手の攻撃をすべて受け流すのであれば、同時にベアリング型コマの攻撃も相手にすべて受け流されるのです。すなわち、お互い相互作用せずに勝手に回っている状態になります。

その場合、勝負を決するのはどちらの寿命が長いかです。このコマは自らのボディの中に、外側と内側、ベアリングという複雑なパーツを組み込んでいる分、ただの金属の塊である王道コマに比べると、軽くて慣性モーメントも小さくなっています。そのため単純な寿命の勝負では王道コマに比べてどうしても不利になってしまうのです。それにもかかわらず、極めて高い精度の樹脂加工で並みの王道コマに勝る安定性を手にした中村ターンテック株式会社のコマは、中日本予選で5位の成績。見事に世界大戦への切符を手にしました。

戦わずして勝つ？「一点静止型コマ」

ベーゴマにしろ、ベイブレードにしろ、コマ大戦にしろ、コマとコマの戦いには必ず共通していることがあります。それは、土俵がおわん形に凹んでおり、コマが中央で戦うということです。しかしながら、全日本製造業コマ大戦第2回全国大会にてこの常識を覆すアッと驚くコマが登場しました。戦わずして勝つコマです。いったいどういうことでしょうか？

「はっけよい、のこった」の合図とともにコマが土俵に投げ込まれます。普通の王道コマであれば、重力を受けながら凹んだ土俵の中央付近に舞い降りてきます。しかし、このコマは回転したまま土俵の端っこで止まっており、土俵の中央付近に降りてこないではありませんか！　3分経っても、5分経ってもずっと端っこに留まり、中央に降りてきません。そうこうしているうちに、相手の王道コマは寿命を迎えて倒れてしまいます。それでもこのコマは土俵の端っこでまだ回っています。相手のコマに触れることなく勝利してしまいました。

まさに、戦わずして勝つ、と言えます。このような戦術から、このコマは一点静止型コマ、または止まる系コマと呼ばれるようになりました。戦わずして勝利するので、平和コマという愛称でも呼ばれています。でも、どうして土俵の端っこに止まっていられるのでしょうか？

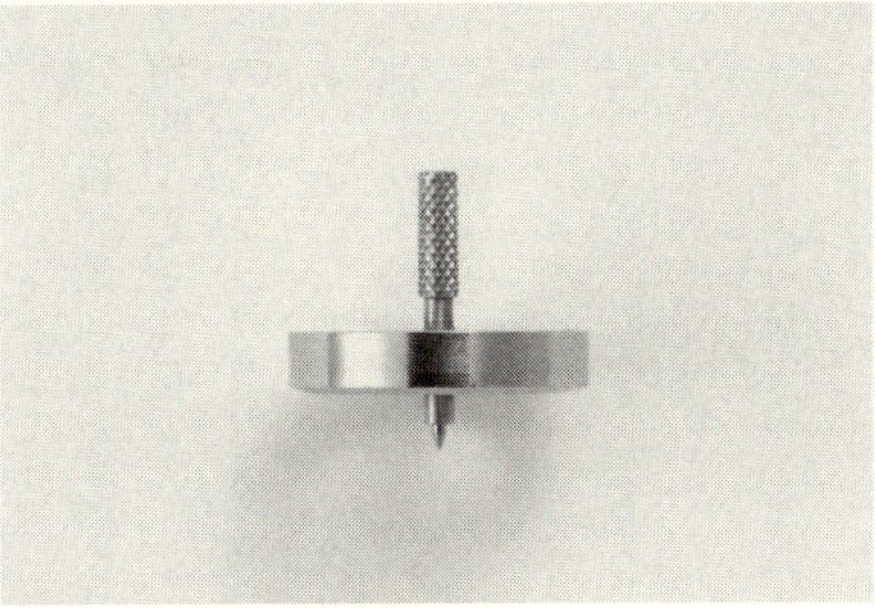

図4-11　一点静止型コマ

実はこの一点静止型コマ、図４－11のように先端が針のように尖っているのです。コマ大戦の土俵はケミカルウッドという木材のような材質でできています。そのため、画鋲が木の板に刺さるのと同じように、一点静止型コマの針のような先端が土俵に刺さり、滑って土俵の真ん中に落ちてこなくなるのです。

刺さるといっても、奥までグッサリ刺さってしまったら回転が止まってしまいます。チクッと針の先端が軽く乗っかる程度のものです。そうすると、良く回転するのに、横方向には滑らなくなります。このことは、画鋲を壁に軽くあてがってみればすぐに体験できます。画鋲はクルクルと簡単に回転しますが、横にスライドしようと思うとなかなか動きません。

もう一つ必要なこと

しかし、土俵の端に止まって戦いを避けているだけでは勝てるとは限りません。相手よりも先に倒れてしまえば負けてしまうからです。そのため、一点静止型コマに必須の要件は寿命が長いことなのです。そのためにはどのような条件が必要でしょうか。

一つは、地面との摩擦を減らすために、コマを極限まで軽くすることです。一点静止型コマの平均的な重さはわずか5グラム程度で、平均的な王道コマのわずか10分の1です。もう一つは、その5グラム程度の重さで、極限まで慣性モーメントを高め、かつ重心を下げることです。そのため、一点静止型コマの本体はリング状の形をしています。最後の一つは、そのコマを極限まで高速で回すことです。5グラム程度の軽いコマであれば、第3章の『軸の太さ』でお話ししたように、かなり細い軸でなければ軸を手で回すときの速度の限界が出てきます。そのため、一点静止型コマの軸は3ミリメートル程度の細いものになっています。

このような様々な工夫の結果、一点静止型コマの寿命は5から10分程度にまで伸びました。この寿命はコマ大戦のほとんどのコマよりも長いものになります。こうして、針による一点静止と超軽量による長寿命を組み合わせることで、戦わずして勝つ、無敵とも言えるコマが誕生しました。

王道コマで第1回全国大会を制した株式会社由紀精密は、第2回全国大会で初めてこの一点静止型コマを繰り出し、またしても全国3位の成績を残したのです。それから数年、一点静止型コマは昨今のコマ大戦で最大のトレンドとなっています。

日本初の、女性限定のものづくり女子コマ大戦特別場所では、有限会社シオンの女性チームが一点静止型コマで優勝を飾り、引き続き行われたＧ３ポリテクカレッジ千葉場所でも男性陣をすべて蹴散らしてダブル優勝を果たし、一点静止型コマの強さを印象付けました。女性ならではの力に頼らない繊細な平和コマの勝利に会場は大いに盛り上がりました。株式会社由紀精密も有限会社シオンも、航空宇宙分野の部品を手掛ける超精密部品メーカーです。一点静止型コマの繊細な針先と本体の作成には高度な技術を要するのです。

コマ大戦というゲームの最適解とも思われた無敵の一点静止型コマ。多くの製造業がこぞって同じタイプのコマを作成し勝利を目指しました。しかしながら、コマ大戦が簡単なゲームではないことが浮き彫りになりました。一点静止型コマにも例外なく弱点があり、優勝まで勝ち進むのは簡単ではないことがわかってきました。

デリケートな弱点

まず、１つ目の弱点はすぐに浮き彫りとなりました。そもそも、コマを土俵の端っこに投げるのが難しいのです。気合を入れて土俵の一番端っこにコマを投げようとすると、少しでも手元が狂って失投すれば断崖絶壁の土俵から落ちて場外負けです。かといって、安全志向で土俵の中央寄りに投げてしまうと、相手のコマに触れた瞬間にカツンッ！　と軽い音を立てて1メートルほど吹き飛ばされて場外負けです。確実に端っこに投げようと少し力を抑えて投げると、今度は寿命が短くなり先に倒れてしまいます。

勝つためには、力と精度が同時に必要なのです。優勝するには、これを20回程度繰り返さなければなりません。そのため、一点静止型コマも決して連戦連勝とはならなかったのです。実際に、由紀精密の第2回全国大会での敗因は準決勝での失投でした。

第3回全国大会ではこの弱点を見事にカバーしたコマが登場しました。力と精度が同時に求められるコマを投げる動作を、力の求められる回す動作と、精度の求められる土俵に置く動作の2段階に分割したのです。有限会社カジミツは、先述のベアリング型コマを一点静止型コマに融合しました。左手でコマの外壁を掴んだまま、まずは右手でコマを力強く回転させ、そのまま左手でそっと土俵の端に置いたのです。その例のない投げ方は審議となりましたが、最終的には第3回全国大会を制しました。

一点静止型コマのもう一つの弱点、それは針のようなコマの先端が試合で摩耗して丸まって止まらなくなってしまうことです。止まらない一点静止型コマほど弱いコマはありません。土俵の傾きに耐えられずに、カクッ！　カククッッ！　と徐々に土俵の中心に吸い込まれて、アリジゴクのように土俵の真ん中で待ち構える重量級のコマの餌食になる悲惨なコマを幾度となくみてきました。

針のような先端の寿命を少しでも長くするために、材質にはチタンや超硬などの変形しにくい素材がよく選ばれています。また、先端を守るために、スポンジを入れた専用のケースに入れるのももはや常識となってきました。２０１６年コマ大戦佐賀特別場所では、増田工作所は一点静止型コマの先端をホチキスの芯のように複数交換可能な機構を取り込み、見事に優勝を飾りました。

ここまでの弱点はコマの精度と投げ手の熟練で何とかカバーできるものです。しかしながら、相手のチームも一点静止型コマ対策を当たり前のように講じるようになってきたのです。一点静止型コマが土俵の端っこで止まっているときに、その方向に向かってコマをボウリングのように一直線に投げて、一点静止型コマを土俵の外に押し出す技が登場しました。そっちから来ないなら、こっちから行くぜ、というわけです。

一点静止型コマの投げ手は、当然コマを置く場所を土俵の中で色々変えてフェイントをかけてこれに対抗してきます。すると、どこに一点静止型コマが止まっていても対抗できるように、土俵の外周をなぞるように円形にコマを走らせる流星投げたるものも登場しました。これでは一点静止型コマの逃げ場がありません。もちろん、これらの投げ手の駆け引きはどちらにも高い場外失投のリスクがあります。一点静止型コマで大胆なフェイントをかけたつもりが思わず場外に投げてしまった、ボウリングのようにコマを走らせたらそのまま場外に行ってしまった、というのはごく日常的な光景です。コマを土俵中心でトスするのが安全とされていた5年前のコマ大戦とは隔世の感があります。

実は最もシンプルなコマ

一点静止型コマの運動を少し物理的に見てみましょう。第2章の「コマは自然にまっすぐに立ち上がる」で説明したように、コマは先端が少し丸まっているためにジャイロ効果で徐々に直立していきます。しかしながら、一点静止型コマは先端が針のように尖っているため、いつまでも歳差運動による首ふり運動を続けるのです。この見た目の印象から、コマがそろそろ寿命を迎えて倒れそう、不安定で回すのに失敗したなどと誤解されることがあります。

しかし、一点静止型コマはこれでいいのです。最初から最後までずっと歳差運動による首ふり運動を続けています。一点静止型コマはコマ大戦の歴史においては前代未聞の異端のコマでしたが、実は教科書の図に載っているような最もシンプルなコマだったのです。

一点静止型コマの試合は得られる情報が少ないうえに変化に乏しく、よく実況解説者泣かせのコマとも揶揄されます。一番悲惨なのは、一点静止型コマvs一点静止型コマの試合です。7分間程度、実況解説で話を繋がなければなりません。では、そういった試合で解説者の私がどこに注目しているかをお伝えしましょう。

第2章の「コマの回転が遅くなると歳差運動は速くなる」で説明した通り、一点静止型コマの歳差運動の速さに注目してみてください。試合の最初は2秒間に1周ぐらいのペースでゆっくりと回っています。3分ぐらい経過すると、一見すると何も変化がないように見えますが、よくよく見ると歳差運動が1秒に1周ぐらいに2倍ペースアップしています。これはコマの回転が半減していることを意味します。すなわち、このペースでいくとコマは少なくとも6分以内には倒れると予想することができます。静かな持久戦の手に汗握る見どころです。

最強のコマを探せ！　コマ相関図

これでコマ大戦を彩る代表的な7種類のコマがすべて出そろいました。ここで改めて、すべてのコマの特徴とその関係を相関図にしたものが図4-12です。

第1回全国大会の時期に活躍した『王道コマ』を、第1世代と呼んでみましょう。図は下に行くと世代が進みます。また、左に行くとより攻撃型、右に行くとより防御型となります。攻撃と防御の原点となる王道コマはその中央に位置しています。

王道コマの右やや下には『軽量型コマ』がちょこんと載っています。比較的初期から見られた1・5世代のコマで、逆回転で相手の力を奪うより防御型のコマです。王道コマのやや下で一番左端には『開き系変形型コマ』が大きく鎮座しています。開いた腕で王道コマを瞬殺する、超攻撃型の第2世代のコマです。図の一番下のやや右には『高重心型コマ』がスッと立っています。開き系変形型コマの激しい攻撃にも耐えて勝つ、より防御型の第3世代のコマです。

しかし、この高重心型コマは第1世代の王道コマには負けてしまいます。この3者の描くじゃんけんのような三つ巴の関係がコマ相関図の中心をなしています。近年のトレンドとなっている『イボ型コマ』は第3世代、開き系変形型コマの超攻撃と王道コマの安定を両立させた、ほどよい攻撃型のコマです。『ベアリング型コマ』はあらゆる攻撃を受け流す超防御型で第3世代のコマです。そしてこの図の右端に位置するのが究極の防御型コマである『一点静止型コマ』です。変形型コマと同時期に出現した第2世代のコマです。この相関図からも明らかなように、最強のコマは一つに決まるものではないのです。

最近は、これらのコマの特徴を状況に応じて切り替える『変身コマ』が登場し、第4世代のコマと呼んでいます。私が、世界コマ大戦に挑んだコマもその一つでした。『イボ型コマ』をベースに、足を伸ばすと『高重心型コマ』になるのです。相手が王道コマ、高重心型コマであれば前者、開き系変形型コマ、イボ型コマであれば後者にコマを変身させる戦術だったのです。

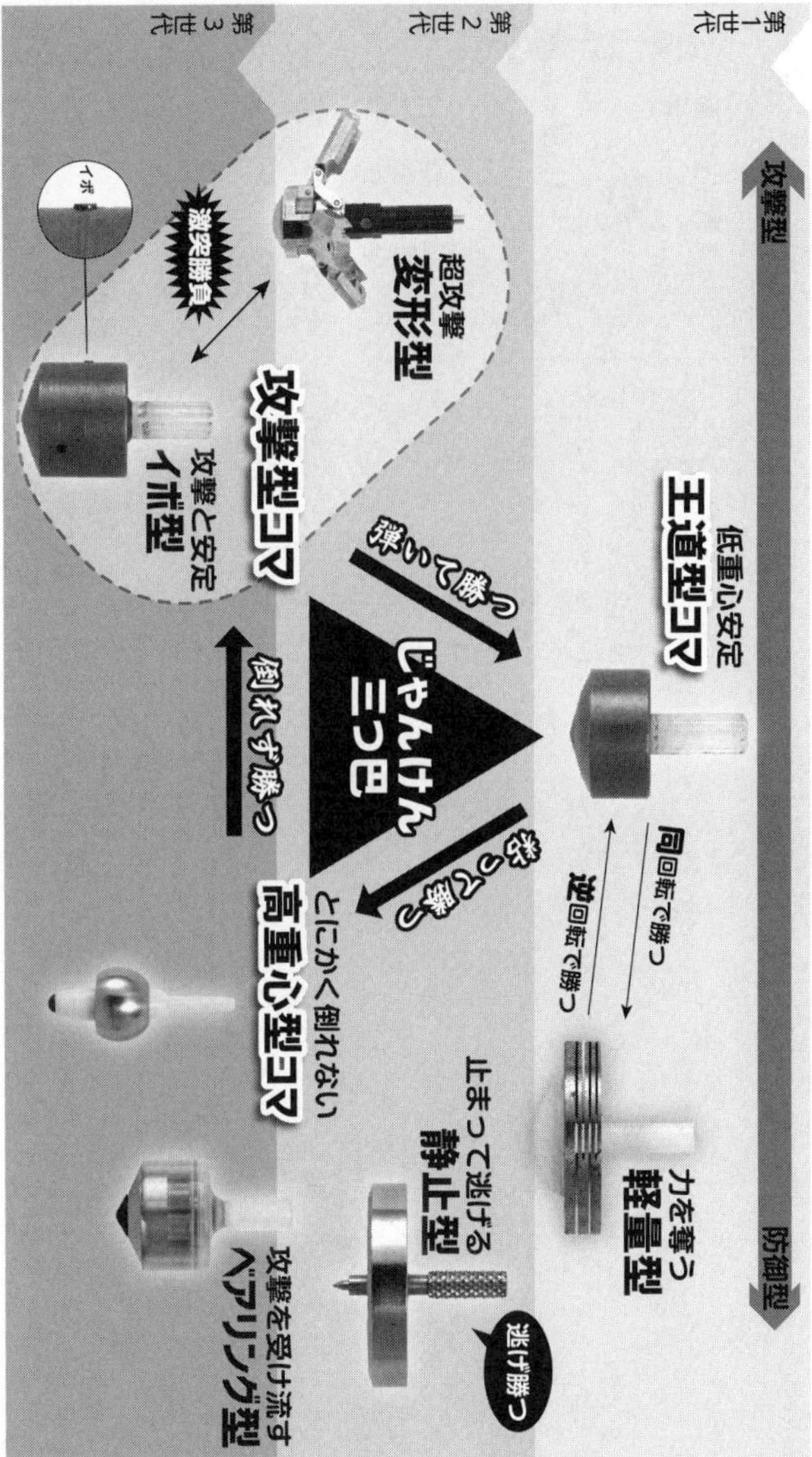
攻撃型
防御型
第1世代
第2世代
第3世代
低重心安定
王道型コマ
同回転で勝つ
逆回転で勝つ
力を奪う
軽量型
止まって逃げる
静止型
逃げ勝つ
超攻撃
変形型
攻撃型コマ
激突勝負
攻撃と安定
イボ型
イボ
弾いて勝つ
じゃんけん
三つ巴
粘って勝つ
倒れず勝つ
とにかく倒れない
高重心型コマ
攻撃を受け流す
ベアリング型

図4-12　コマ相関図

コマ大戦　オールスター仮想団体戦

ここまで、コマ大戦に登場する様々なコマの長所や短所を見てきました。それぞれのコマに敵として得意なコマや天敵となるコマが存在しました。じゃんけんのような三つ巴の戦いもあります。このようなコマ大戦の魅力が最も如実に現れるのが5人で戦う団体戦です。相手の手の内を読みながら戦う順番を考える必要があります。

ここでは全種類のコマが登場し、コマの特徴が最も強く現れるような組み合わせの、オールスター仮想団体戦を観戦してみましょう。チーム東とチーム西の日本一を決める戦いが始まります。

チーム東　先鋒『王道コマ』
VS
チーム西　先鋒『開き系変形型コマ』

まずは先鋒同士の戦いです。チーム東は標準的な『王道コマ』で相手の出方をうかがいます。一方、チーム西は『開き系変形型コマ』を繰り出し会場を盛り上げます。

「はっけよい、のこった！」の合図とともに両者のコマが土俵に投げ込まれました。

熟練した投げ手は、当然お互いのコマの特徴や相性を熟知しています。王道コマは土俵を周回して逃げるように、一方開き系変形型コマは土俵をなめまわして追いかけるようドリフトしています。開き系変形型コマの大きく開いた腕が王道コマの軸にクリーンヒット、王道コマは場外に吹き飛ばされます。チーム西　開き系変形型コマの勝利です。

勝ち上がったチーム西の先鋒『開き系変形型コマ』を迎えるのは、チーム東の次鋒『高重心型コマ』です。

チーム東　次鋒『高重心型コマ』
VS
チーム西　先鋒『開き系変形型コマ』

試合が始まると開き系変形型コマの大きく開いた腕が高重心型コマにクリーンヒット。先ほどの試合と同じ展開かに見えましたが、高重心型コマは倒れにくい性質をフルに発揮して見事に立ち上がります。何回ヒットしても倒れない高重心型コマ、そうこうしているうちに寿命の短い開き系変形型コマが先に倒れてしまいました。

チーム東　高重心型コマの勝利です。実は、チーム東にとってはこの勝利は計算通りだったのです。なぜならじゃんけんでグー（王道コマ）を出して負けたら相手はパー（開き系変形型コマ）ということです。であれば、グーの次にチョキ（高重心型コマ）を控えさせておけば連敗することはそうそうありません。

チーム東 次鋒『高重心型コマ』 VS チーム西 次鋒『王道コマ』

勝利したチーム東の次鋒『高重心型コマ』を迎えるのは、チーム西の次鋒『王道コマ』です。試合が始まると、土俵の中央付近でお互いのコマが接したままスリスリと回転しています。ようやく、古き良き時代のコマ大戦らしい戦いになってきました。やや長期戦となりますが、寿命の長い低重心の王道コマが粘って勝利しました。こうして、グーチョキパーのじゃんけんの関係が一周しました。

チーム東 中堅『軽量型コマ』 VS チーム西 次鋒『王道コマ』

勝利したチーム西の次鋒『王道コマ』を迎えるのは、チーム東の中堅『軽量型コマ』です。逆回転して相手の回転力を奪うという軽量型コマの戦術の裏をかいて、逆回転で王道コマが投げこまれました。しかしながら、軽量型コマは裏の裏をかいて、順回転でコマを投げていたのです。軽量型コマは王道コマとギアのようにかみ合って寄生し、王道コマが回っている限り回り続けます。

数分後王道コマが先に力尽きました。軽量型コマの勝利です。

勝利したチーム東の中堅『軽量型コマ』を迎え撃つのは、チーム西の中堅『イボ型コマ』です。お互い、軽量型コマの逆回転の戦術は知り尽くしています。チーム西はイボ型コマを順回転で投げてきました。軽量型コマは逆回転です。このままでは、先ほどと同じ展開になるかに見えます。しかし、お互いのコマが触れた瞬間に、軽量型コマは数メートルも吹き飛ばされて場外となりました。

チーム東
中堅
『軽量型コマ』
VS
チーム西
中堅
『イボ型コマ』

イボ型コマの勝利です。イボの攻撃には回転方向など関係なかったのです。イボ型チームは相手の回転方向を気にせずに、自信をもって強く投げられる順回転を選んでいたのです。

勝利したチーム西の中堅『イボ型コマ』を迎えるのは、チーム東の副将『ベアリング型コマ』です。試合が始まるとお互いのコマが土俵の真ん中でぶつかり合います。イボ型コマのイボがベアリング型コマの外皮にガリッ！　ガリッ！　と何度も突き刺さりますが、依然としてベアリング型コマの内側は回り続けています。そのうち、攻撃を優先した重く

チーム東
副将
『ベアリング型コマ』
VS
チーム西
中堅
『イボ型コマ』

重心の高いイボ型コマが寿命を迎え倒れました。

ベアリング型コマの勝利です。

勝利したチーム東の副将『ベアリング型コマ』を迎え撃つのは、チーム西の副将『一点静止型コマ』です。ベアリング型コマは土俵の真ん中で静かに回っています。一方で、一点静止型のコマは土俵の端っこで回っています。防御対防御の戦い、お互いにぶつかり合うことはありません。

チーム東 副将『ベアリング型コマ』 VS チーム西 副将『一点静止型コマ』

5分後、ベアリング型コマが倒れ、重心が低く寿命の長い一点静止型コマが勝利します。

勝利したチーム西の副将『一点静止型コマ』を迎えるのは、ついに登場するチーム東の大将『開き系変形型コマ』です。お互いの戦術はわかり切っています。一点静止型コマはフェイントをかけながら土俵の右手前の端に置かれました。一方で、開き系変形型コマは大きな腕を広げながら土俵全体をなめるように円形に動き回ります。一見、開いた腕が届かないかに思われましたが、なんとこちらの開き系変形型コマは2段階に開くコマだったのです。十分に伸びた腕は一点静止型コマにクリーンヒットし、10メートルほど吹き飛ばしてしまいました。

チーム東 大将『開き系変形型コマ』 VS チーム西 副将『一点静止型コマ』

開き系変形型コマの勝利です。

ついに笑っても泣いても最後の戦いのときがやってきました。勝利したチーム東の大将『開き系変形型コマ』とチーム西の大将『王道コマ』の戦いです。しかし、この王道コマ、少し癖がありそうな形をしています。お互いの戦術はわかり切っています。果たして先鋒同士の戦いのように開き系変形型コマが勝利するのでしょうか？

チーム東 大将『開き系変形型コマ』 VS チーム西 大将『王道コマ』

「はっけよい、のこった！」試合が始まります。王道コマは土俵を旋回して逃げるように、開き系変形型コマは2段階に大きく開いて土俵全体をなめるように旋回して追いかけます。開き系変形型コマの大きく開いた腕が王道コマにクリーンヒットします。しかし、バランスを崩すことはあっても再び立ち上がりました。なんと、この王道コマ、上下が逆さまになっていたのです！それによって長い軸で立ち上がる高重心型コマのようになっていたのです。何回ヒットしても倒れない王道コマ改め高重心型コマになった変身型コマ。開き系変形型コマが先に寿命を迎えます。『変身型コマ』の勝利です。

こうして僅差でチーム西が日本一となりました。しかし、もし出場選手の順番が違っていたら、異なった結果になっていたかもしれません。

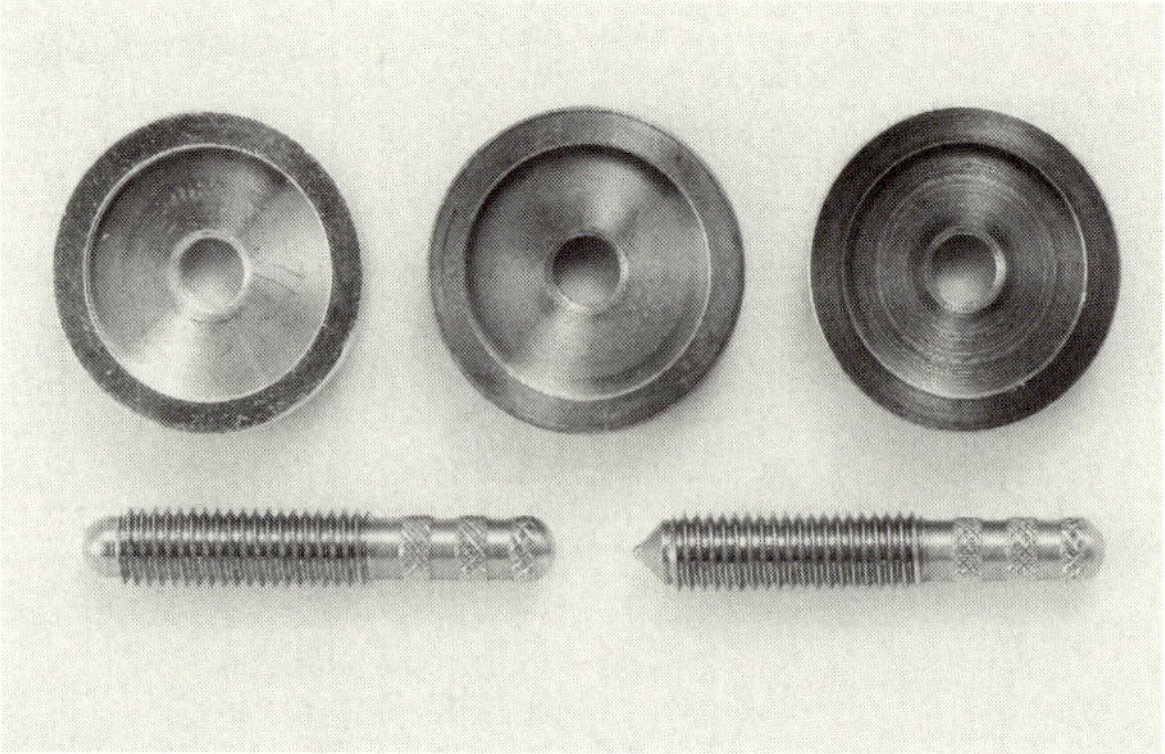

図4-13　ちばコマキット

こどもコマ大戦『ちばコマキット　ベーシック』

本物のコマをゲットしたいという方のために、コマ大戦のHPにて様々なタイプのものが販売されています。特に、私が監修して教育用に開発されたのがちばコマの製造する『ちばコマキット　ベーシック』です。密度や色の異なるアルミニウム、ステンレス、黄銅の3種類の本体、先端形状の丸まったものと尖ったものの2種類の軸、がセットになっています（図4-13）。軸を一つ選択し、そこに本体のパーツを数や種類、重さや重心の高さを考えながらはめ込みます。自分で改造してカスタマイズできるコマキットです。そして、最後にはこどもコマ大戦にてトーナメントで戦います。遊びながら戦いながら物理とモノづくりが学べる教材になっています。

コラム

「遠心力って？」

コマ大戦の解説や、コマ教室をしていると、ときどき聞かれる質問があります。

「遠心力ってなんですか？」

というものです。これに対する私の答えは次のようなものになります。

「実は遠心力という力はありません」

これまで「遠心力がある強いコマ」「遠心力で立っているコマ」などと散々「遠心力」という単語が用いられてきたのですが、これはどういうことでしょうか？

一度話を回転から直線の話に戻しましょう。車が急発進したときに座席に押し付けられ、急ブレーキしたときに前につんのめった経験は皆さんあると思います。このとき、急発進時には後ろ向きに力が働いて、急ブレーキ時には前向きに力が働いている、と感じるかもしれません。しかし、それは車の中にいるので車を基準にして前や後ろに力が働いていると錯覚しているにすぎないのです。

このように、とある基準に視点を固定したときに感じる見かけの力を総称して慣性力と呼びます。実際には、急発進時には座席があなたを前向きに押して加速させ、急ブレーキ時はシートベルトがあなたを後ろに押して速度をゼロにしているのです。このように、慣性力と実際にかかっている力は逆向きになります。

今度は、車が円を描いて急カーブしている場面を考えてみましょう。そのときあなたの体は内側と外側のどちらに傾くでしょうか？　外側に傾くと思います。これが例の「遠心力」と呼ばれるやつです。

しかしこれも、車の中にいるひとが外向きに力がかかっていると錯覚しているだけなのです。すなわち「遠心力」は慣性力の一種です。実際には、車が円を描いて曲がるには常に内向きに力をかけ続けなければなりません。同じようにあなたの体にも車の座席から常に内側に向かう力がかかっているのです。このような力を円の中心に向かう力という意味で中心力と言います。

実際の力である中心力が内側向きで、慣性力である「遠心力」が外側向きなので、やはり向きは逆向きになります。このように「遠心力」は見かけの力なのです。

ただし、だからといって考える価値がないわけではありません。慣性力をうまく使えば状況を簡単に理解できる場合もあります。そもそも、物理で登場する概念は、より高次の理論の枠組みでは一種の錯覚であったということはよくあることです。

ではコマの説明でよく出てくる「遠心力」がある強いコマ、「遠心力」で立っているコマ、といったものは何だったのでしょうか？　実は、ここでいう「遠心力」という言葉は、本来の「遠心力」のことではなく「角運動量」と混同されて使われています。要するに重たいものが速く回っている状況を指して「遠心力」があると言っています。そもそも「遠心力」は力ですので、コマの運動状況を指す言葉ですらなかったのです。

とはいっても、私もコマ大戦解説者として登壇するときは、そんなやぼったいことは言いません。「まさに遠心力と遠心力のぶつかり合いと言えるでしょう！」などと会場を煽ります。

回転に関係した慣性力が実はもう一つあり「コリオリの力」と呼ばれています。こちらは日常生活中に体感することは全くありません。回転するメリーゴーランドの上でキャッチボールをするという非日常的な状況を想像してみてください。きっと、球が左右に曲がってしまい上手く投げたりキャッチしたりできないと思います。この球にかかる見かけの力がコリオリ力です。

当然ですが、メリーゴーランドの外で待っている人から見れば球はまっすぐ飛んでいるだけなのです。科学館にはこのような遊びを体験できるコーナーがあります。実は我々は地球という巨大なメリーゴーランドに乗って生活しています。地球上で台風という球が進むとコリオリ力を感じます。北半球で台風が常に左回りなのはそのためなのです。

第5章 コマの仲間

コマには科学と遊びの両方の要素があります。第5章から第7章では、様々なコマを用いて遊びながら科学を学んでみましょう。

おもちゃの中には、回転しているものが数多くあります。回転することで現れる非日常な動きが面白いからです。例えば、ジャイロ効果「角運動量保存」による、まるで空間にピタッと固定されたかのような安定した動き、ジャイロ効果「歳差運動」による、力を受け流すような不思議な動きです。この章では、回転の効果で特有の動きを示す「コマの仲間」を紹介しながら、ジャイロ効果を体験学習してみましょう。

コマだけじゃない、回るおもちゃを分類する

回るおもちゃと言うと何が思い浮かぶでしょうか？　この本はコマの本ですので、真っ先に思いつくのは当然コマかもしれません。しかし、身の回りにはコマ以外にも回るおもちゃがいっぱいあります。それらを回転軸の方向と移動する方向の2つに注目して分類してみましょう。

回転軸は地面に対して垂直か水平かで2通りあります。また、移動方向も垂直方向と水平方向の2通りあります。よって、これらの組み合わせだけで2×2の4通りのカテゴリーがあることになります。まずは、4つのカテゴリーに入る回るおもちゃを一つ一つ見ていきましょう。そうすることで、それらに共通する重要なことが浮き彫りになります。

回転軸が垂直で垂直に飛ぶ「竹とんぼ」「皿回し」

まずは、一番簡単なカテゴリーからスタートしましょう。回転軸が垂直で、垂直方向に飛んでいくものです。このカテゴリーに当てはまるおもちゃには竹とんぼがあります。竹とんぼは、手で軸に回転を加えるとプロペラが回転して勢いよく上空に飛んでいくおもちゃです。

軸の向きに注目すると、手で回すときから、空高く上昇するとき、落下してくるときまで、ずっと垂直になっています。その理由は第２章でみた「角運動量保存の法則」です。その証拠に、回転させずに上空に投げ上げると、上空まで飛んでいかないのはもちろんですが、軸が大きくぶれて木の葉のようにひらひらと舞って落下します。

皿回しも同じカテゴリーのおもちゃです。こちらも棒で皿を垂直軸周りに回すことでジャイロ効果により皿が安定し、棒を使って投げ上げてキャッチするなどの芸ができます。

回転軸が垂直で水平に飛ぶ「フリスビー」

次に、回転軸が垂直のままで、飛ぶ方向が水平になったものを考えてみましょう。フリスビーは手でスナップを利かせて投げると、垂直軸周りに回転しながら水平に50メートル程度も飛ぶ円盤状のおもちゃです。

やはりジャイロ効果（角運動量保存）により、円盤はぶれることなく水平を保ったまま進んでいきます。その証拠に、回転をかけずに投げると、円盤がぶれながら数秒で落下してしまいます。

ただ、ジャイロ効果だけではフリスビーは飛び続けることはできません。姿勢は安定していても重力で落下してしまうからです。実は、フリスビーには上下があり、飛行機の羽のように上のほうが丸みを帯びています。そのため、ベルヌーイの法則により上向きの揚力が生じ、落下することなく飛んでいくのです。その証拠に、フリスビーを裏返しや縦にして投げると、回転を加えていても即座に地面に落下してしまいます。

最近ではより慣性モーメントの大きいリング状のエアロビーと呼ばれる製品も登場しています。初心者でも100メートル程度飛ばすことができ、人間が最も遠くに投げられる物体として、406・29メートルというギネス記録を保持しています。オリンピック公式種目でも円盤投げというものがあります。やはり回転がないと姿勢が不安定になりよい記録が出ないようです。なお、この円盤には上下はなく、揚力は生じません。投手の純粋な投げる力を競うためです。

回転軸が横倒しで垂直に飛ぶ「中国コマ」

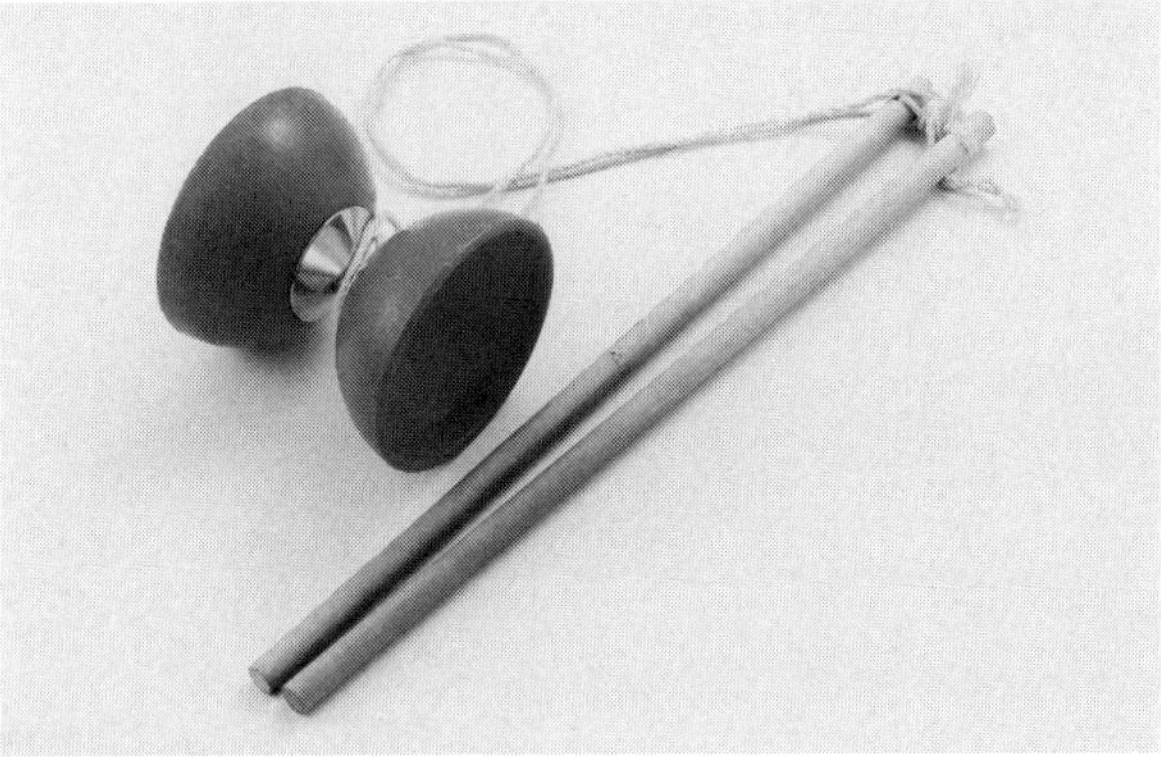

図5-1　中国コマ

今度は回転軸が横倒しで、垂直方向に飛んでいくおもちゃを考えてみましょう。中国コマ、別名ディアボロ（図５－１）はそのようなカテゴリーのおもちゃです。横倒しになった器の底を２つ繋げたような形をしており、２本の棒の間に張られたひもを巧みに操って高速回転させ、様々な技を繰り出します。

回転している中国コマは回転軸が全くぶれませんので、初心者でも10メートルぐらい上空へ投げ上げて簡単にキャッチできます。このとき働いているのももちろんジャイロ効果（角運動量保存）です。

なお、中国コマの本体にひもを直接取り付けたものがヨーヨーと言えます。そのため、いろんな方向に投げてひもで引き戻す往復運動が得意です。一方、中国コマはひもから解放されているため、空高く投げ上げるなどの離れ技が得意です。

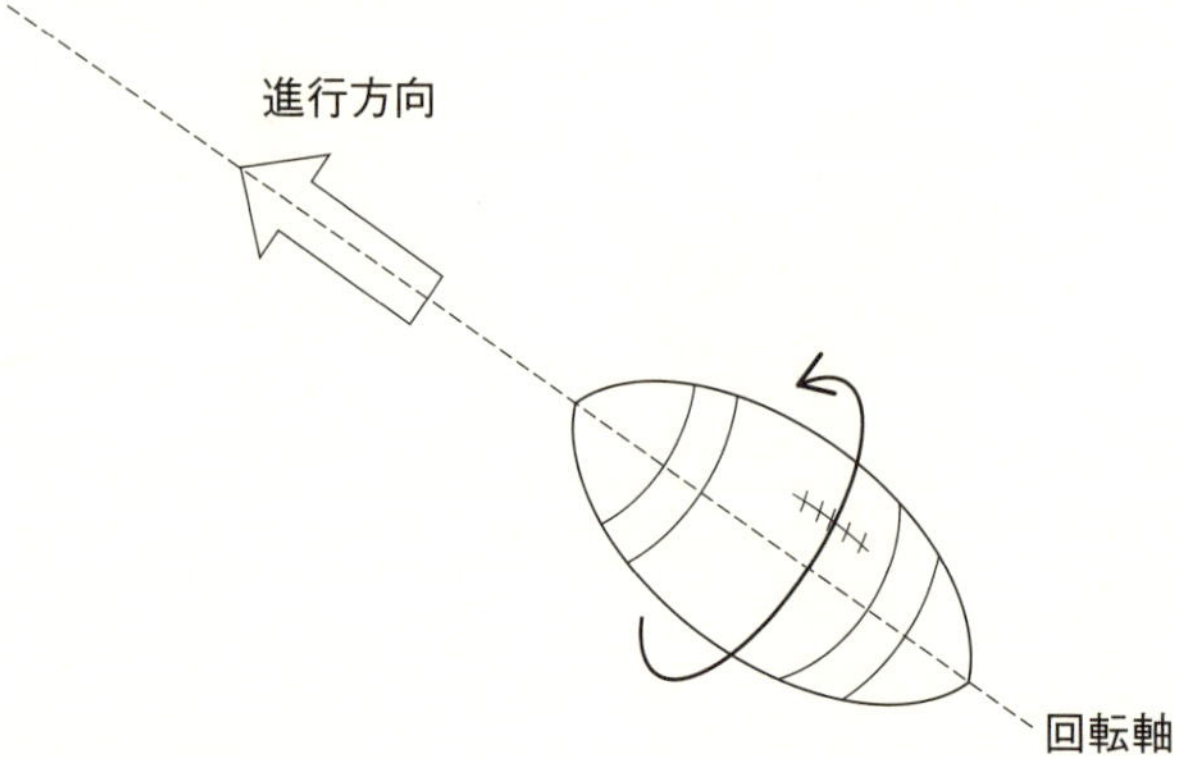

図5-2　ラグビーボール

回転軸が横倒しで水平に飛ぶ「ラグビーボール」「マグヌスカップ」

では、同じく回転軸が横倒しになっていますが、今度は水平に飛んでいくおもちゃはどんなものがあるでしょうか？　おもちゃではありませんがラグビーボールはそのような例です（図5－2）。ラグビーボールは楕円形で、長い軸を回転軸にして回転軸と同じ方向にドリルのように飛んでいきます。ジャイロ効果（角運動量保存）のため、回転軸がぶれることなく、遠くまで正確なパスができます。

実は、回転軸が横倒しで水平に飛ぶカテゴリーにはもう一つの可能性があります。先ほどは回転軸と同じ方向に進むものを挙げましたが、回転軸と垂直に飛んでいくものも考えられます。

マグヌスカップはそのような例です（図5－3）。

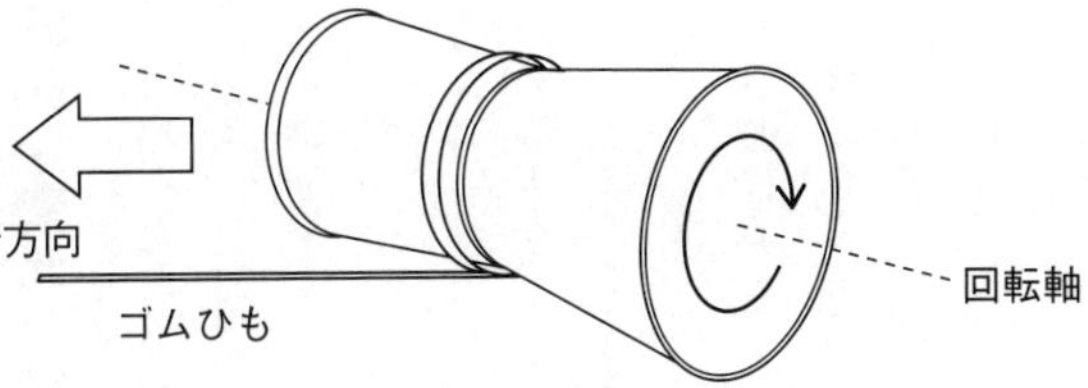

図5-3　マグヌスカップ

これは、2つのプラスチックコップの底をくっつけて、ゴムで水平軸のバック回転をかけて前方に飛ばすおもちゃです。

水平に飛ぶとは言いましたが、非常に強いマグヌス効果のため、即座に急上昇しブーメランのように投げ手のほうに戻ってきます。この間、プラスチックコップの回転軸は全くぶれません。これも、ジャイロ効果（角運動量保存）のおかげです。その証拠に回転させずに投げれば、コップの姿勢は安定せずにすぐに木の葉のようにひらひらと落下してしまいます。

ラクロスの球の動きも、このカテゴリーに属するものです。強力なバック回転で水平方向に長く伸びる球を放つことができます。また、野球やサッカー、卓球の球などのほとんどの球技の球は実はこのカテゴリーに入ります。しかしながら、どれもジャイロ効果ならではの効果を積極的に用いたおもちゃとは言えません。

回転軸が変わり続けて戻ってくる「ブーメラン」

ここまで登場したおもちゃは、すべて回転軸が変わらないものでした。言い換えると、ジャイロ効果すなわち、「角運動量保存の法則」の安定性のみを利用したおもちゃです。今度は、もう一つのジャイロ効果である「歳差運動」を利用し、回転軸が積極的に変わる、より面白いおもちゃが登場します。その最たる例がブーメランです。

ブーメランは「く」の字形に曲がっているものが一般的ですが、これは単に平面上で回転しやすくするための工夫で、この形である必要は特にありません。より回転させやすいプロペラ型のブーメランも数多くあります。ブーメランの羽は飛行機の翼のような表裏のある断面になっており、膨らんでいるほうが表面です。回転させるとベルヌーイの法則により裏から表面のほうに向かって揚力が生じます。

表面を左側にして縦にして前方に投げます。すると、ブーメランの表面方向に向かって左向きに揚力が働きます。しかし、そのまま左前方向に進むわけではありません。実は、ブーメランの最大のポイントは、上側と下側では揚力の大きさが異なることなのです。上側は進行方向に向かって回転しているのでより強い揚力を受け、下側は進行方向逆向きに進んでいるのでより弱い揚

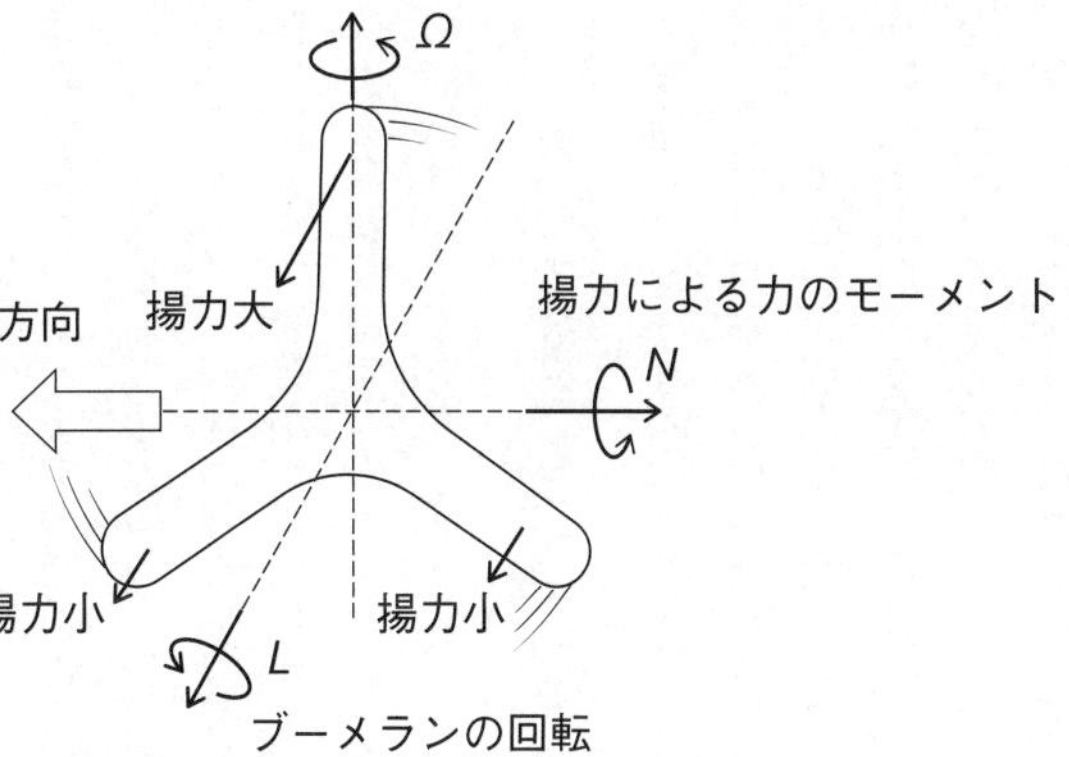

図5-4　ブーメランに働く揚力

力を受けます（図５－４）。ということは、ブーメランにかかる力は単なる左向きの力ではなく、左ネジ方向にひねる力（力のモーメント）が加わっているのです。

ブーメランの回転軸は水平で角運動量は左向きの矢印で表せます。そこに、揚力のひねる力によって手前方向を軸とした力のモーメントが働きます。ここで、ジャイロ効果（歳差運動）を考えると、それらに直交する垂直上向きの角速度の矢印が得られます。よって、ブーメランは垂直回転軸を中心に左回りの円運動をしながら、無事に元に戻ってくるのです。これがブーメランの原理です。

回転軸を地面に置いて重力で倒すおもちゃ、それが普通のコマ

ブーメランを含め、様々な回るおもちゃを紹介して

きましたが、実はすべて空を飛ぶおもちゃでした。ここでは、ようやく地面に触れたまま回るおもちゃ、すなわちコマが登場します。地面に触れたとたんに、地面からの垂直抗力という新たな要素が関わってきますので、普通のコマは案外複雑な回るおもちゃなのです。

では、第2章でみたコマが倒れない原理を簡単に復習しましょう。ここまで紹介した回るおもちゃと同じく、コマも軸の周りに高速で回転しています。そのため、ジャイロ効果（角運動量保存）によって姿勢が安定化します。さらにコマは少し斜めになって地面に立っているため、重力によるひねり倒す力のモーメントを受けます。すると、ジャイロ効果（歳差運動）により、コマの回転軸が水平方向に回転し、コマは倒れないのです。

重心で支えるコマ「マックスウェルのコマ」

普通のコマは重心が支点より高く、コマは重力によりひねり倒されます。コマを右回しすると、ジャイロ効果（歳差運動）により、歳差運動も同じく右回りになります。では、図5－5のように重心が支点よりも低いコマを考えてみましょう。今度は重力によりコマはやじろべえのように起き上がります。すると、ジャイロ効果（歳差運動）により、歳差運動は逆向きの左回りになります。ではその中間をとったらどうなるでしょうか？

重心と支点がぴったり一致している特別なコマを考えてみましょう。このときコマは重力によ

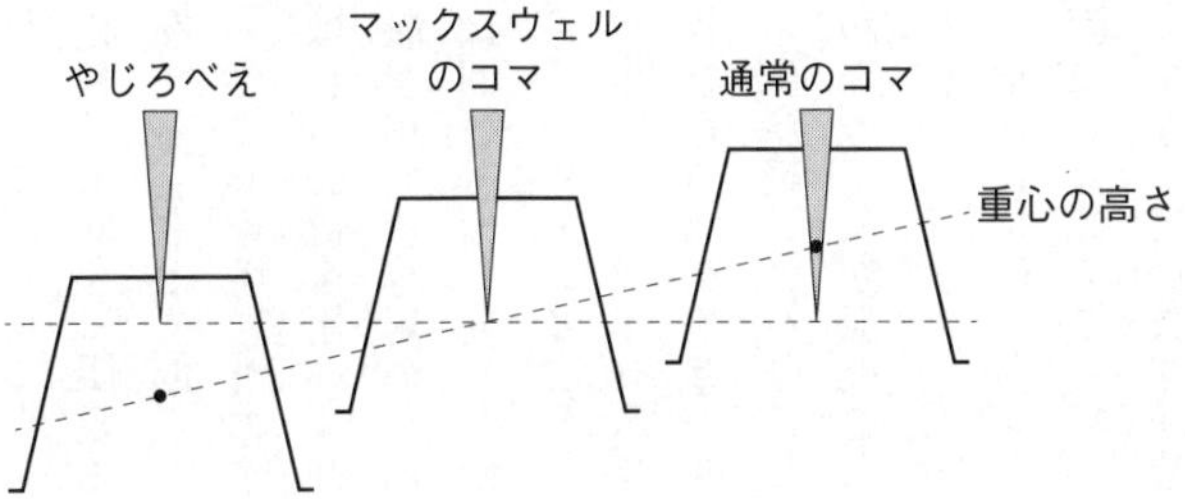

図5-5　マックスウェルのコマ

って倒れもせず起き上がりもしません。よって、ジャイロ効果（歳差運動）による歳差運動は起きないのです。これはコマの歳差運動の原因が重力であることを如実に示した実験で、マックスウェルのコマと呼ばれています。重心で支えるコマ、とも呼ばれています。マックスウェルのコマは、どのような傾きで回し始めても、回転軸がそのまま変わりません。すなわちジャイロ効果（角運動量保存）を直接的に示したコマでもあります。マックスウェルのコマは大きめのゼリーのカップに穴をあけて爪楊枝を刺すことで簡単に自作することができます。

支点と回転軸を分けたコマ「ジャイロスコープ」「地球ゴマ」

実は、普通のコマとマックスウェルのコマには弱点があります。コマの接地点には2つの役目があり、一つは、コマと地面の間の「回転の受け皿」、もう一つは、コマの重さを支える「重さの受け皿」としての役目です。コマではこの2つの役目を一つの接地点で同時にこなし、回転しながら重さを支えるという無理をしているのです。そのため、回転軸は上向きに限定され自由に変えることができない、コントロール不能な地面からの摩擦が存在する、などの弱点があります。

そこで登場したのがコマの王様とも言えるジャイロスコープです（図5－6）。ジンバルと呼ばれる装置を用いて回転軸を自由自在に変えることができます。また、内部にベアリングや受け軸を用いた専用の「回転の受け皿」を用意して摩擦を最小限に抑えています。「重さの受け皿」は回転しない安定した専用の土台になっています。市販品としては、電動で高精度なGyroscope.com社の「super precision gyroscope」を挙げておきましょう（図5－6）。

複雑なジャイロスコープに代わって、もう少し簡単にしたおもちゃも存在します。その最も有名なものはタイガー商会の「地球ゴマ」です（図5－7）。職人さんの退職により惜しまれながら生産終了となりましたが、意志を引き継ぐように「地球ジャイロ」というデザイン性の高い高級ジャイロが発売されました。海外製品としては、世界初のジャイロスコープのデザインに忠実に作ったＴＥＤＣＯ社の「The Original Gyroscope」があります。

地球ゴマは、ジンバルを省略していますが、内部に「回転の受け皿」を有しており、球殻を地面に直接置くことで「重さの受け皿」を実現しています。球殻は倒れないため、重心で支えるコマになっています。また、球殻の角度を変えることで、回転軸を自由に変えることができます。

図5-6　ジャイロスコープ

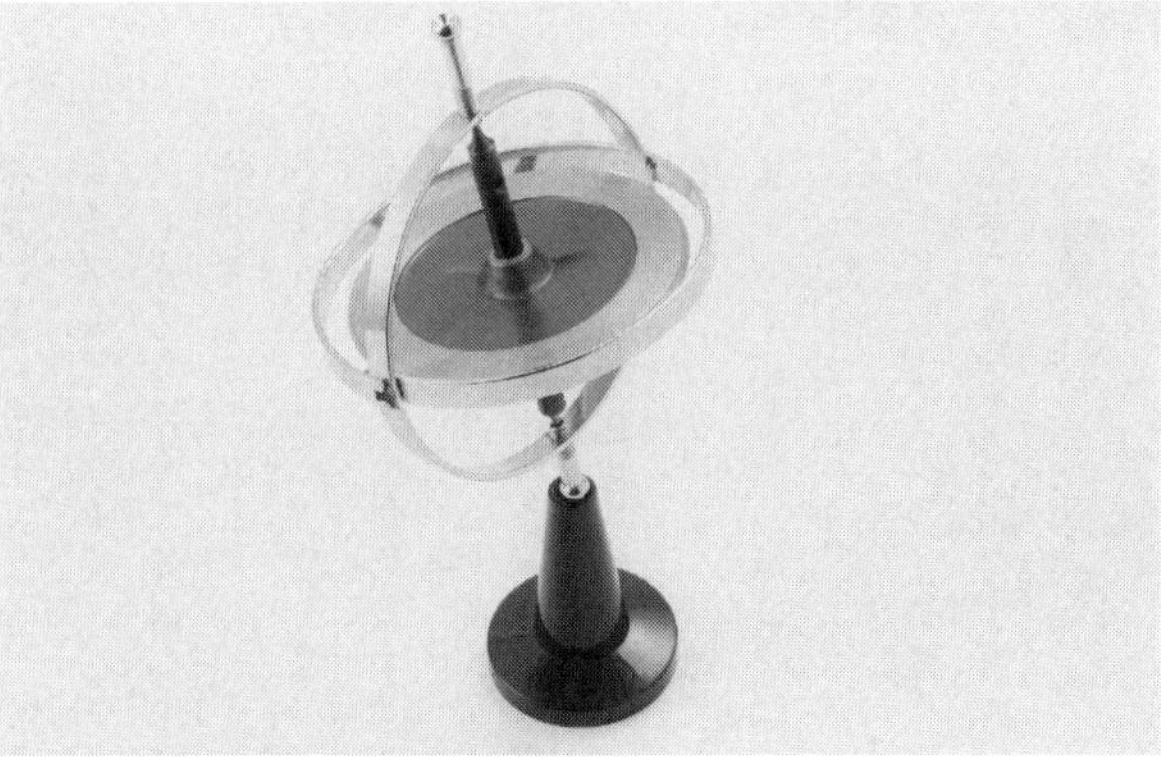

図5-7　地球ゴマ

図5-8　ジャイロホイール

構造は簡略化していますが、ジャイロスコープの基本的な要素はしっかり保っているのです。

しかしながら、地球ゴマが真価を発揮するのはジャイロスコープのような使い方をした場合ではありません。ここで、地球ゴマならではの遊び方を一つ紹介します。球殻に「重さの受け皿」となる小さな棒をつけると、重心で支えるコマではなく、普通のコマに近づきます。地球ゴマを回転させた状態で、「重さの受け皿」にひもをひっかけて、真横にしたままで手を放します。すると、地球ゴマはまるで重力に逆らうように落下せずに横方向にゆっくり回転します。これは、ジャイロ効果（歳差運動）を最も如実にみせる実験です。

最後に、ジャイロホイールを紹介しましょう。これはジャイロスコープや地球ゴマからジンバルや球殻を取っ払ってホイールと軸だけにしたものです（図5－8）。代わりにホイールを支えるのは人間の体になります。自転車のホイールなどを使った直径30センチメートル、重さ10キログラムもの実験用大型ジャイロホイールもあります。これも地球ゴマのときと同様に、回転させた状態で軸の一方をひもで吊ります。すると、大きくて重たいものが歳差運動で宙に浮いているように見えるため、実験ショーで用いると大変盛り上がります。

コ　ラ　ム

ハンドスピナーはコマなのか

この本を執筆中に、世界中で流行《はや》りだしたものがありました。ハンドスピナーです。回りものという意味ではコマと似ていますが、ハンドスピナーは果たしてコマなのでしょうか？

ハンドスピナーはその人気と裏腹に、ただ回っているだけでつまらない、という意見も多く出ていました。コマ視点でハンドスピナーを分析すると、回転すると倒れないといったジャイロ効果を直接利用していないため、コマではなくただの回転体になります。これがつまらないといわれる所以です。

では、なぜあれほどまでに世界中で流行したのでしょうか。実は、ハンドスピナーは本書の後半で紹介したCDコマに近い存在です。どちらも回転することでヴィジュアルを楽しむおもちゃです。ハンドスピナーは手で支えるため、重力の制約から解放されています。そのため、倒れることなく最後まで長時間回り続け、そしてデザイン上の制約から解放されます。

ハンドスピナーであれば重くて複雑な3D的なデザインも可能ですが、同じデザインのコマは数秒で倒れてしまうでしょう。これがコマにはなかった人気の秘密です。この章の後半で紹介したことは、そのままハンドスピナー化できますのでぜひ試してみてください。

第6章 変なコマ

ここまで、回転軸と進行方向に注目して、ジャイロ効果を利用した基本的なコマや広義のコマを紹介してきました。ここでは、新しい力を利用したさらに変わったコマを広く浅く紹介します。これらのコマは、その利用している力によって、「摩擦」「空気」「磁石」「電気」「光」の5種類に分類することができます。すでに登場したコマもありますが、力という切り口で整理しなおしてみましょう。回転によるジャイロ効果を利用したコマから、そうではない「回転体」まで広く含まれています。

摩擦系コマ

コマに働く力として重力の次に重要なのは地面との摩擦力です。コマの回転軸の向きを変えるような摩擦力が働くと、ジャイロ効果によってコマは常に変わった動きを示します。

必ず垂直に立ち上がる「立ちコマ」

図6－1のように、先端が丸く、重心が高いコマは立ちコマという科学コマになります。普通のコマはひとたび傾くとまっすぐ立ち上がるまで1分ぐらいかかりますが、立ちコマはわずか1秒程度でまっすぐ立ち上がります。先端が丸いと回転軸と接地点が一致しなくなり、第2章の「コマは自然にまっすぐに立ち上がる」でみたように「接地面の摩擦によるジャイロ効果」が働

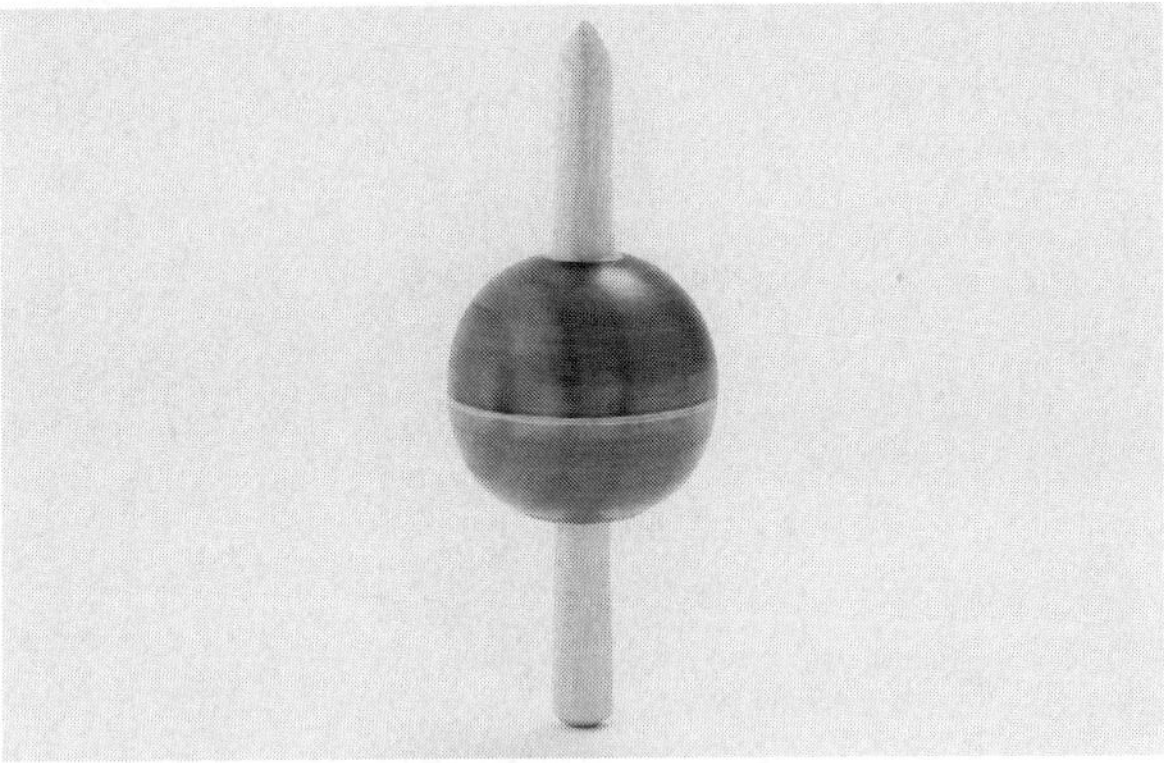

図6-1　立ちコマ

くためです。金属製の立ちコマ「タオレネード」はその傑作です。

ゆで卵と生卵を見分ける有名な方法として、横倒しにして回してみるというものがあります。ゆで卵は中身が固まっているため重心が安定しよく回転しますが、生卵は中身が動くので重心が不安定でうまく回転しません。このゆで卵ですが、さらに思いっきり高速で回転させると、なんと自ら縦に立ち上がります。ゆで卵も立ちコマの一種なのです。

上下が逆さまになる「逆さコマ」

図6－2のように、半球状の本体に持ち手を付けたものが逆さコマです。回すと約5秒で逆さまになります。「立ちコマ」と同じく、回転軸と接地点が一致しないことによる「地面の摩擦によるジャイロ効果」が原因です。金属製の1センチメートル程度のものか

図6-2　逆さコマ

ら、ひもで回す5センチメートルぐらいの大きなタイプまで存在します。

実は、逆さコマは身近なもので簡単に作ることができます。コインや針金の輪の端っこに小さな重りを接着するだけで完成です。重りを下にして指ではじいて回転させると、上下が逆さまになり重りが上になります。

軽いのに重い「パワーボール」

パワーボールは図6－3のように、内部のコマと、外部の球殻の二重構造になっていて、コマの軸が球殻の赤道の溝にはまって水平方向に向きが変えられるようになっています。

最初にコマが高速で回転している状況から考えてみましょう。このままでは何も起きません。しかし、手で適当にパワーボールを動かすと、コマの軸の側面が

図6-3　パワーボール

外殻の溝の側面に押し付けられて車輪のように転がり、コマの軸の向きが強制的に溝に沿って水平方向に回転し始めます。どちら向きに回転するかは試すたびに変わります。すると、今度はジャイロ効果によってコマの軸が垂直に立ち上がる向きに力が働きます。そうすると、コマの軸と外殻の溝はますます強く押し付けられ、コマの軸の向きが止まることなく水平方向に変わり続けます。コマの軸を垂直に立てようとするジャイロ効果の力はすべてパワーボールを持つ手首にかかり、数キログラム程度の力の大きさにもなります。

実はパワーボールはこのジャイロ効果の力を利用して手首を鍛えるためのトレーニング器具なのです。わずか100グラム程度の器具でも回転を利用すれば数キログラム程度の強い負荷を作り出すことができるのです。このパワーボールですが、回転により負荷を作り出すだけではなく、さらに負荷に逆らうように力を

図6-4　チャッターリング

加えれば回転を加速することができます。パワーボールの内部のコマの水平方向の回転に同期するように手をこねるように動かすと、コマが唸りを挙げて高速回転をはじめます。そもそも、パワーボールには電池が入っておらず、スタート時には自分で加速させなければなりません。

リングにリング「チャッターリング」

チャッターリングは図6－4のように、直径30センチメートル程度の大きなリングに、直径2センチメートル程度の小さなリングが通っているものです。「ジターリング」という商品名で知っている人のほうが多いでしょう。小さなリングを手で擦って横回転させ、すぐに大きなリングを手で手繰り寄せるように縦回転させると、小さなリングが滝登りをしながら高速で回転をはじめます。適度な摩擦が振動を生み、振動が回

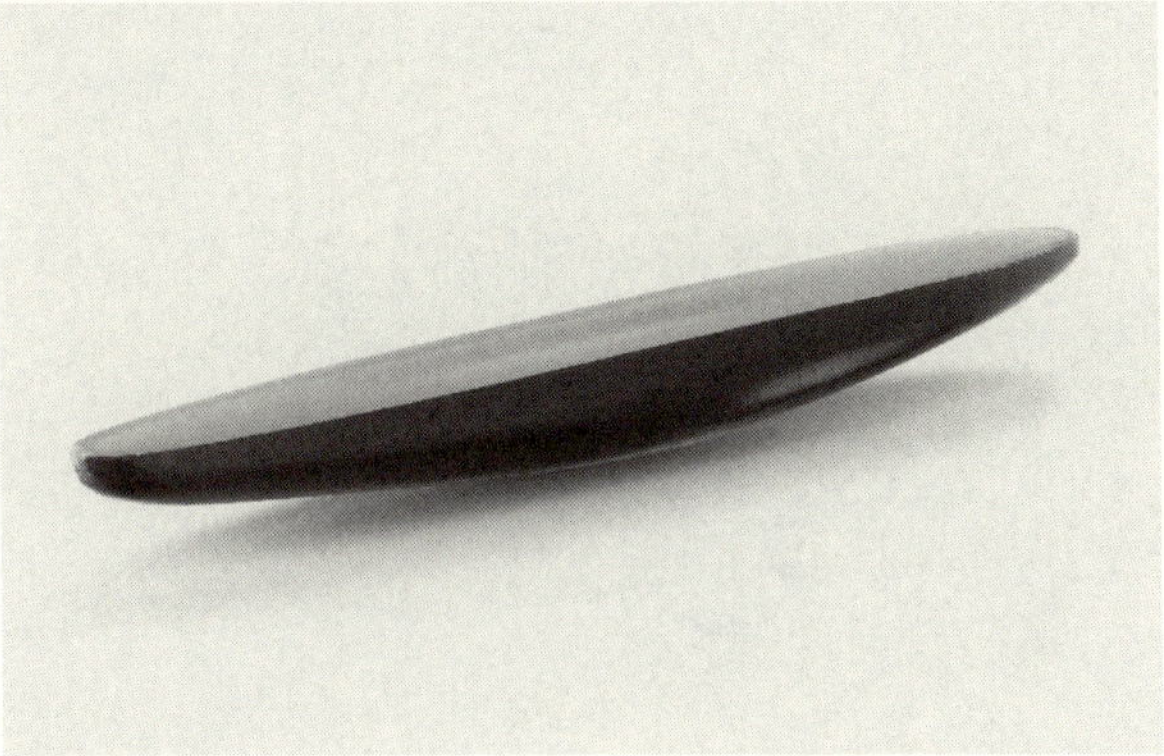

図6-5　ラトルバック

転に変換されているようです。

物理法則を破る？「ラトルバック」

ラトルバックは図6－5のように長細いカヌーのような形をしています。左回りさせると、そのまま左回りを続けますが、右回りさせると、1秒程度でガタガタと振動しはじめ、逆回転の左回りになります。厳密な原理は非常に難解ですが、底面にプロペラ状の傾斜がついていることが最大のポイントです。これにより、わずかな振動が左回りの回転に変換されます。もちろんプロペラ状の傾斜を逆向きにすれば、右回りするラトルバックになります。

勝手に回転方向が変わるので、一見すると第2章でみた「角運動量保存の法則」を破っているように見えますが決してそんなことはありません。地面との摩擦力のおかげで回転方向が変わっているのですから、ラ

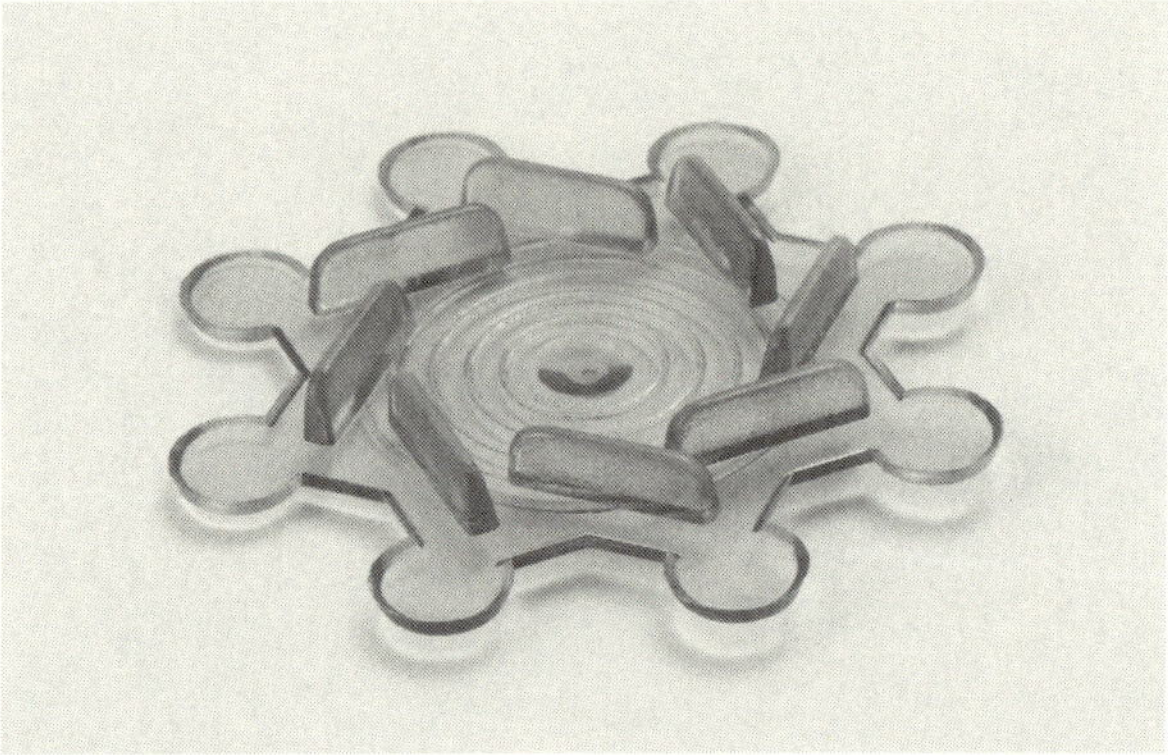

図6-6　吹きコマ

トルバックが失った右回りの角運動量はしっかりと地球が受け止めています。このことは、簡単に回転する台の上で大きめのラトルバックを回せば証明できるでしょう。

空気系コマ

地面の他にコマに接するのは空気しかありません。すでに紹介しましたが、「竹とんぼ」は空飛ぶコマと言えます。羽の空気抵抗が生む揚力によって上昇しますが、その安定性を保証しているのは回転によるジャイロ効果です。また、「ブーメラン」は揚力が生むジャイロ効果により空中で首ふり運動をするコマと言えます。

風で加速する「吹きコマ」

吹きコマは図6－6のように、底部に突起の付いた

図6-7　風浮遊コマ

平たい風車のような形をしています。上から息を吹きかけると回転して立ち上がりコマになります。回転中でも息を吹きかければ何度でも再加速できるため、指では到達できない高速回転に達します。さらに、紙製の軽い吹きコマに息を一瞬だけ強く吹きかけると、急加速して竹とんぼのように空中に飛び上がります。パチンコ玉を2つ接着しただけのおもちゃも一種の吹きコマになっています。

風で舞い上がる「風浮遊コマ」

風浮遊コマは図6－7のようにおわん形の風車に軸がついたような形をしています。発泡スチロール製おわんの丸い方を下にして下から風を吹きあてると、ベルヌーイの法則により空中に安定して浮くことが知られています。このおわんに風車状の切り込みを加えたのが風浮遊コマです。回転が加わることでジャイロ効

図6-8　ドローン

果により空中での安定性がさらに増しています。

究極の風系コマ「ドローン」

近年急速に広まった「ドローン」は究極の風系のコマと言えます。最も基本的なドローンは図6-8のように4つのプロペラが正方形上に並んだような形をしています。回転する方向は同じではなく、実は一つおきに右回転と左回転が入れ替わっています。そのため、トータルの角運動量はゼロになっており、ジャイロ効果による安定性には直接は関わっていません。

ドローンの最も基本的な操作方法はこの4つのプロペラの強弱だけで達成することができます。1つ目は上昇と下降などの上下移動で、4つとも速くすれば上昇、遅くすれば下降になります。2つ目は横移動で、例えば右2つを速く、左2つを遅くすればドローンは左に傾き左方向に移動し始めます。組み合わせを変えれば選んだ4方向に横移動できます。

では唯一の残された組み合わせである、対角線上の右回転の2つのプロペラを速く、もう一方の対角線の左回転の2つのプロペラを遅くするとどうなるでしょうか？　このとき、プロペラの右回転の角運動量が増すので角運動量保存の法則を守るために、ドローン本体が左回転するのです。もちろんすべてが逆のパターンでは右回転します。このように、ドローンの3つ目の基本操作は水平回転になります。これらの上下、横移動、水平回転を組み合わせればドローンは空のどこへでも行くことができます。また、ドローンの安定性が格段と高くなったのはドローンについている自分の姿勢を検出するジャイロセンサーのおかげです。

磁石系コマ

ここまで、力の起源として重力、地面、空気の3つを利用したコマを紹介しました。しかし、コマに力を与える方法がもう一つだけ残されています。それは、電気や磁気や光などの電磁気力を用いることです。

ウネウネ動く「蛇コマ」

蛇コマは図6－9のように軸が磁石になったコマと、蛇や渦巻きなどの形をした薄い金属板が

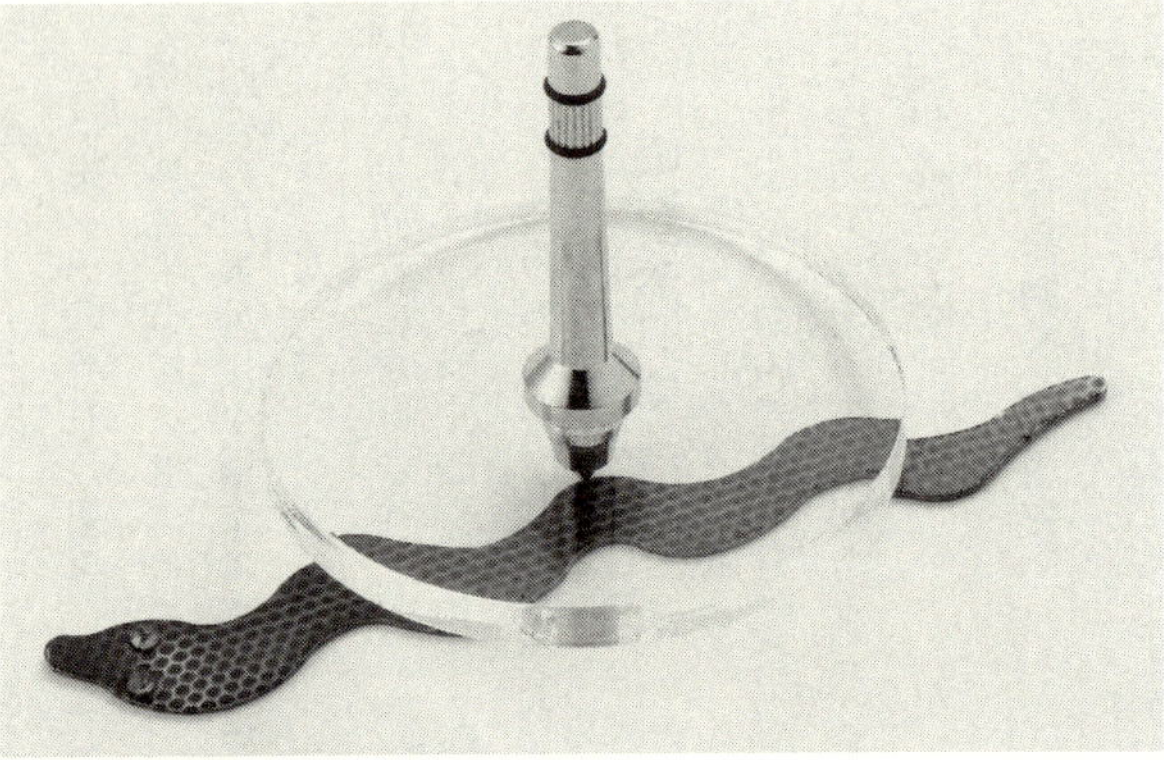

図6-9　蛇コマ

セットになっています。地面に置いた金属板の側面にコマの軸を吸い付かせて回転させると、コマが金属板の形に沿ってウネウネと動きます。また、金属板は軽いので、金属板もコマに巻き込まれてウネウネと動きます。

この応用版として、磁石コマを上下対称にして、金属製の2本のレールに乗せた磁石コマがあります。レールの形次第で円形、スパイラル、結び目など様々な動きが可能です。ジャイロ効果と磁石の効果で安定しているので、レールを手で動かせば、磁石コマを加速させることができます。

空中に浮かぶ「浮遊コマ」

磁石の性質をよく使ったコマと言えば、この磁石浮遊コマです。図6－10のように、コマの本体と土台が強力な磁石になっており、磁石の斥力によって空中に

図6-10　浮遊コマ

浮かびながら回転します。コマの本体下をN極にしたとすると、土台の中に上をN極とした複数の磁石が円形に並んでいます。土台の中心は磁力が弱く、コマがそこにトラップされます。

しかしながら、一般に何の支えもなく磁石で磁石を浮かせる安定な解は存在しないことが知られていいます。実際に磁石コマを回さずに土台の中心に置くと、何回挑戦しても磁石コマが上下逆さまになって磁石コマのS極と土台のN極が勢いよくくっついてしまいます。磁石コマを回転させてから土台の中心に置くと見事にコマが浮遊します。磁石コマのジャイロ効果が軸を安定化させ、コマの反転を防いでいるからです。この磁石浮遊コマは非常に微妙なバランスで実現しており、実際に挑戦してみると調節に1時間ぐらい苦労することもあります。

浮遊コマは地面からの摩擦がないため通常よりも長

く回りますが、空気抵抗があるため10分以下で落下してしまいます。では真空中で浮遊コマを回すとどうなるでしょうか。空気抵抗がないため永久に回ると思うかもしれませんが、実際には1時間程度で回転が遅くなり落下します。

原因は未解明ですが、回転の運動エネルギーが何らかの経路で熱エネルギーに変換されているのは確かです。ここでは予想を2つ挙げておきます。浮遊コマはフラフラと揺れており、常に磁場が時間変化しています。揺れが完全に収まっていても完全に軸対称ではないかぎり、磁場は時間変化しています。磁場の時間変化は周辺の物体に渦電流を発生させます。この渦電流は一般に磁石の動きを止める方向に発生します。これにより運動エネルギーが減少し、余分なエネルギーは渦電流のジュール熱により熱エネルギーに変換されます。浮遊コマの近くに良く電気を流す銅の板などを近づければこの可能性を証明できます。

もう一つは、コマや土台にわずかでも変形するところがある場合です。変形するたびに熱が発生し、運動エネルギーは失われます。完全に軸対称で変形もしない浮遊コマを真空中で回したら永遠に回るのか、とても興味深い問いです。

究極の磁石系コマ「超伝導浮遊コマ」

究極の磁石系コマとして「超伝導浮遊コマ」を紹介しましょう。コマの本体は超伝導体と呼ばれるものでできており、土台は上向きがN極の大きめの磁石一つでできています。先ほどの浮遊コマは磁石と磁石の反発力の微妙なバランスで浮いていましたが、超伝導体の場合には土台からの磁力線が超伝導体に剣山のように突き刺さって固定するイメージになります。すると、コマを回転する必要もなく空中に固定されているかのように浮き上がります。その証拠に、なんと土台を上下逆さまにしても土台の下に浮かんでいます。

では超伝導体のコマを回転させてみるとどうなるでしょうか。まるで空間に固定されているかのような超伝導体は回転できないように感じるかもしれませんが、何の抵抗もなくスルスルと回転を始めます。磁力線の総数が変わらなければ自由に動けるという性質によるものです。

電気系コマ

電磁石で回る「永久コマ」

永久コマは図６‐11の「トップシークレット」のように、特別な台とコマのセットになっており、コマを回すと永久に回り続けるものです。磁石浮遊ゴマの場合と異なり、永久コマには横向きに磁石が入っています。土台の中には電池に繋がれた電磁石が上下向きに入っています。その回路に周辺の磁場が特定の向きに平行な時だけスイッチが入るリードスイッチが繋がっていま

図6-11　永久コマ

す。すると、磁石コマが一回転する間に2回スイッチが入り電磁石と磁石コマが回転を加速する方向に力が働きます。電池がなくなるまで永久にコマが回り続けるというわけです。

コマに磁石を用いずにただの金属にするバージョンもあります。この場合、土台には電磁石を複数円形に配置し、一つ一つ順番にスイッチがオンオフするように回路を組みます。すると、疑似的に電磁石のN極を常にコマのほうに向けながら回転させていることになります。一般に金属の表面でN極の磁石を横に動かすと、金属に渦電流が生じて、磁石を先回りするようにN極が、磁石に遅れるようにS極が発生します。すると、金属板は磁石につられて同じ方向に動きます。全く同じことが金属製のコマにも生じます。回転する電磁石の磁場につられて金属製のコマも回転します。「アラゴーの円盤」とも呼ばれています。

同じく電池を用いたコマですが、コマに電池を仕込んで振動モーターの力を回転に変えて回り続ける「ハイテクゴマII」もあります。こちらはどのような土台でも回すことができます。

究極の電気系コマ「モーター」

あまりにも身近にありすぎて見過ごしている究極の電気系コマがあります。それはモーターです。最も基本的なモーターは図6－12のように磁石のN極とS極が左右に配置されており、その間に回転できるコイルがあります。このコイルに電流を流すと、電磁誘導でコイルを回転させる力が生じます。半分回転すると逆向きの回転が生じますが、整流子で電流の向きが半回転ごとに逆転するようになっているのがポイントです。回転する車輪の発明と回転を生むモーターの発明は世界を一変させたと言えるでしょう。

光系コマ

光で回る「ラジオメーター」

ラジオメーターは図6－13のように、内部がほぼ真空の電球の中に風車が入ったものです。ここに強めの光を当てると羽が回転を始めます。一見すると光の圧力で回転しているように見えま

図6-13　ラジオメーター

す。実は、羽の一面が真っ黒に塗られており、光を照らすと黒い面が最も温まります。すると、電球の中に残っているガスをより勢いよく跳ね返すので、その反動で回転を始めるのです。エネルギー源は光ですが、結局は空気を利用した回るおもちゃと言えます。光に関してはコマの駆動力ではなく、見た目の変化という形で次章でたっぷり紹介します。

第7章 科学コマを作ろう！

第5章では動きの面白いコマの仲間、第6章ではいろいろな力で動くコマを紹介してきました。この章では、コマを「回転体」として利用し、様々な科学現象を伴うヴィジュアルの美しいコマを紹介します。これらのコマの良いところは、簡単に自作できることです。ぜひ自分でも作ってみましょう。

カラフルCDコマを作ろう！

家庭にあるもので一番正確に速く回っているものはなんでしょうか？　それはCDやDVDなどのディスクです。このCDを利用してカラフルCDコマを作ってみましょう。

必要な材料はCD、カラーシール、ビー玉、そしてセロハンテープだけです（図7－1）。まず表面の白いCDを1枚用意します。CDの穴の直径は規格で15ミリメートルと決まっています。次に、カラーシールを用意します。直径20ミリメートルの丸形で赤黄緑青の4色が理想です。それからビー玉を一つ用意します。ビー玉の直径は必ず17ミリメートルのものを選んでください。

まず、このカラーシールをCDの白い表面に自分の好きな枚数、色、配置で貼り付けます。続いて、ビー玉をCDの表面の穴に乗せます。直径17ミリメートルのビー玉は15ミリメートルのCDの穴にちょうどはまります。最後に、セロハンテープでビー玉をCDに固定します。セロハンテープは少し長めの7センチメートル程度出して、縦と横にクロス状にとめます。これでカラフ

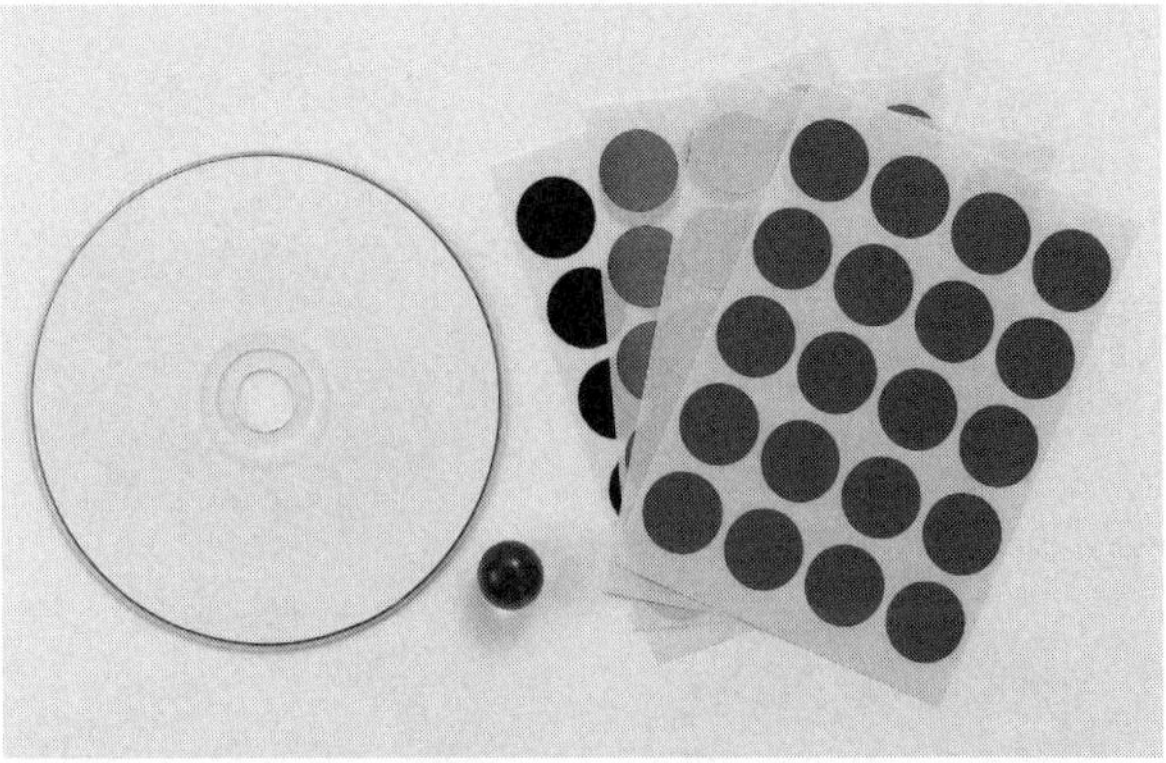

図7-1　カラフルCDコマの材料

ルCDコマの完成です。ビー玉を指でひねるだけで、1分以上よく回ります。では、そのときカラーシールの模様はいったいどんな見え方になっているのでしょうか？

コマの混色は時間平均色

これまで3000枚以上のカラフルCDコマを子供たちに作ってもらいましたが、まさに十人十色のカラフルCDコマが創り出されました。ここでは最も両極端な2種類のカラフルCDコマを紹介しましょう。

一つは赤黄緑青の4色のシールが順番に色を変えながらCDを一周しているものです（図7－2）。では、このコマを回すと何色に見えるでしょうか？　子供たちに聞くと、虹色という答えが多く返ってきます。みなさんは何色になると思いますか？　答えは茶色一色です。カラフルな見た目に反して、回すと地味

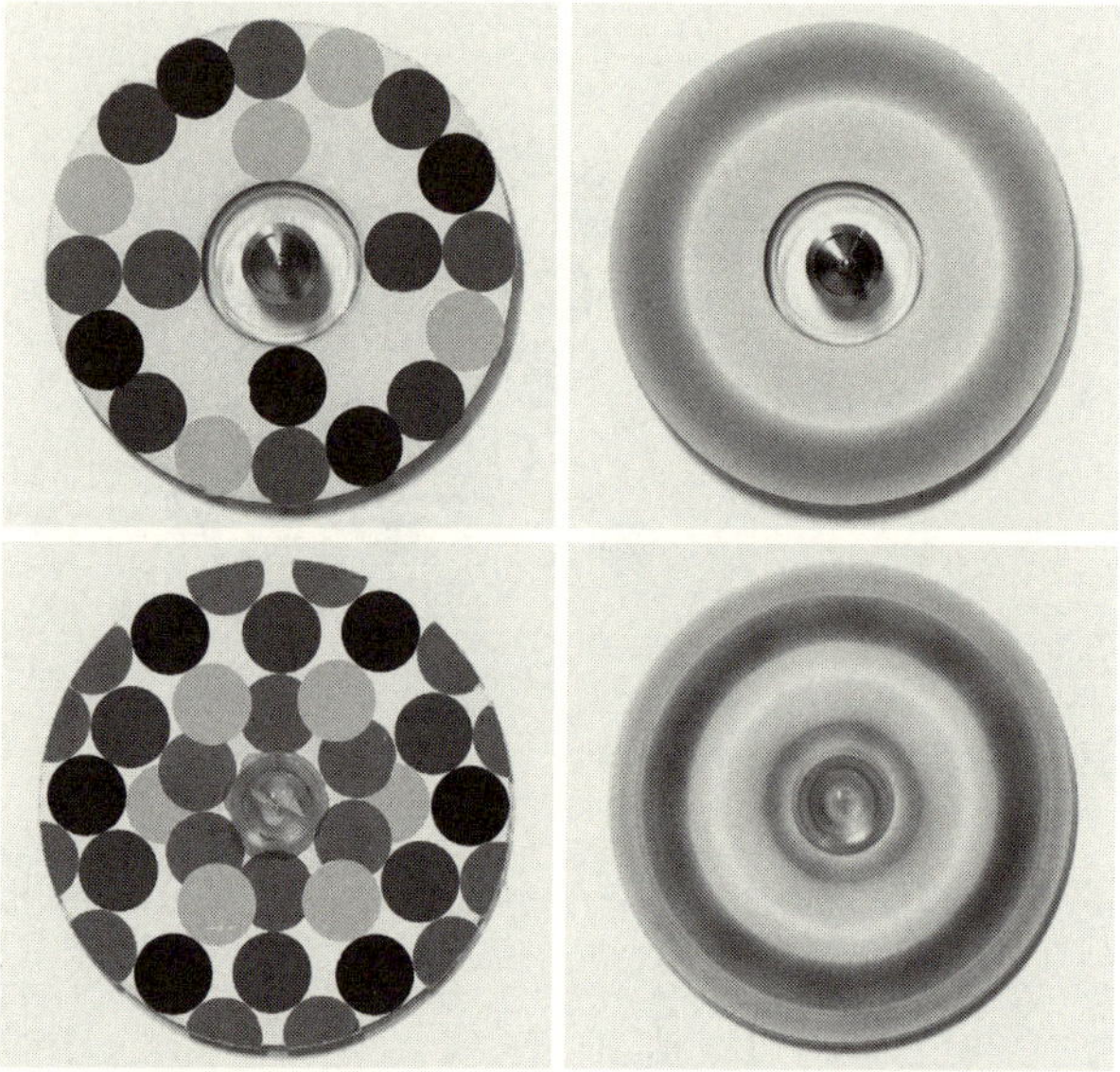

図7-2　両極端なカラフルCDコマ

な色になってしまうのです。

もう一つは、同じ赤黄緑青の4色のシールを使いますが、CDの内側から同心円状に色を並べたものです（図7-2）。では、このコマを回すと何色に見えるでしょうか？　答えは虹色です。正確には、内側から橙、黄緑、青緑、紫の中間色のリングになります。先ほどの茶色一色とは一転して、瞬時に美しい中間色の虹色になりますから、予想以上の変化に歓声があがります。

これらの色の変化は科学的には混色で説明できます。LEDなどの光の3原色は赤と緑と青で、すべて合わせると加色で明るくなり白になります。イ

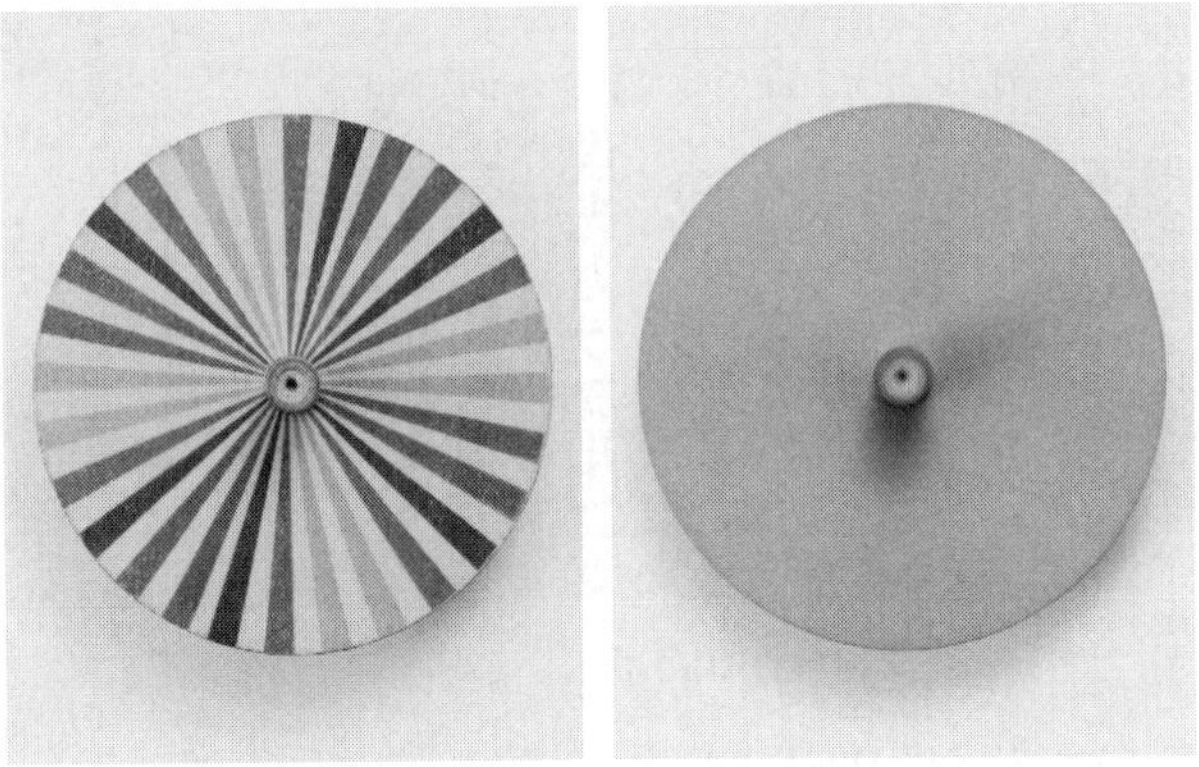

図7-3　ニュートンのコマ

ンクジェットプリンターなど色の３原色はシアン、マゼンタ、イエローで、すべて合わせると減色で暗くなりほぼ黒になります。

では、コマの混色は明るくなる光の加色と、暗くなる色の減色のどちらなのでしょうか？　実は、どちらでもなく、残像による平均色なのです。その証拠に、回す前後で明るさが変化しません。赤緑青の光の３原色のコマを回すと、暗めの灰色になります。シアン、マゼンタ、イエローの色の３原色のコマを回すと、明るめの灰色になります。先ほどの４色のカラフルＣＤコマの場合は、前者の場合は赤黄緑青の全色平均で茶色になり（灰色＋黄色＝茶色）、後者の場合は隣り合う２色の平均で中間色になっていたのです。

虹色のニュートンのコマ

カラフルコマの極みとして、ニュートンのコマがあります（図7－3）。赤、橙、黄、黄緑、緑、青、紫の虹の7色に放射状に色付けされたコマです。では、このコマを回したら何色に見えるでしょうか？　答えは、白色、正確に言えば灰色です。これだけカラフルなコマが一転して無色になってしまうので、予想以上に驚かれます。

白色の太陽の光が空気中の水滴で分散して7色に分かれたものが虹です。ということは、7色を全部合わせれば白色に戻るはずです。ニュートンはプリズムを使った実験で、白色は虹色に分かれ、虹色は全部重ねると白色に戻ることを確かめました。ニュートンのコマを回すと、7色が時間平均色で混色し白色、正確には灰色に戻るわけです。

蛍光カラフルコマ

蛍光とは紫外線などの高いエネルギーの光を受け取って、固有の色で自ら発光する現象です。普通の反射光では100パーセント以上の色を作ることはできませんが、蛍光現象では高いエネルギーの光を変換することで100パーセント以上の色で光ることができます。そのため、蛍光ペンなどは絵具では表現できないほど鮮やかに見えるのです。

例えば、蛍光灯は放電で紫外線を放出して蛍光体で変換することで白色に光っています。また、洗剤に含まれる蛍光剤は太陽光の紫外線を吸収することで、白よりも白く光っています。紫外線を出すブラックライトを用いると、蛍光ペンや白っぽい服や靴の蛍光パーツが光るのを確かめることができます。

このような蛍光塗料を用いた蛍光シールを用いて蛍光カラフルコマを作成することができます。赤と緑と青の蛍光カラフルコマにブラックライトで紫外線をあてると、暗闇で赤緑青に発光するライトに変身します。普通のシールは反射光により色を出していますが、蛍光シールはある意味では自ら発光している光と言えます。

では、コマを回すとどうなるのでしょうか？　答えは結局、時間平均色で白色、正確には灰色の光のリングになります。回す前が、反射光による減色の色か、発光による加色の光かにかかわらず、カラフルコマを回したときには時間平均色で混色するのです。ただ、蛍光カラフルコマの美しさは別格です。シール以外の部分が真っ暗で、光のリングのみが空中に浮かんでいるかのように映るからです。

クォークコマ

突然ですが、世界は何からできているでしょうか？　身の回りのものは原子でできています。その原子は中心の原子核とその周りを回る電子からできています。原子核は同じぐらいの数の陽子と中性子からできています。ここまでは聞いたことがある方も多いでしょう。

では、陽子や中性子は何からできているのでしょうか？　答えは、３つの「クォーク」という粒子からできています。このクォークを3つセットにして束ねている不思議な力が「強い力」です。この強い力を伝えているのが「グルーオン」という粒子です。強い力は文字通り強く、しばしばノリやばねにたとえられるだけでなく、3つセットで働く不思議な3体力です。比較のために電気の力を考えてみましょう。

電気の力はプラスとマイナスで引き合い、プラスとプラス、マイナスとマイナスでは反発します。つまりプラスとマイナスの2つがゼロになるように引力が働きます。一方で、クォークには「赤」「緑」「青」の3色の「カラー」という量があります。強い力は赤と緑と青の3色が混ざって白くなるように引力が働きます。蛍光カラフルコマの赤と緑と青のシールをクォークだと思ってみましょう。クォークコマを回せば白色になり、陽子や中性子が無事に形成されたというわけです。

カラフルCDコマが踊りだす

次は光が高速で点滅するストロボライトというものを用意します。回すと茶色になってしまう最初に紹介した赤黄緑青の4色のカラフルCDコマを回して、暗闇でストロボライトを照らします。すると、驚くべきことに、美しいカラフルなグラデーションのコマに生まれ変わるのです。しかも、パステルカラーの模様、金と銀の模様、カラフルな点滅、飛び回るように回転するカラ

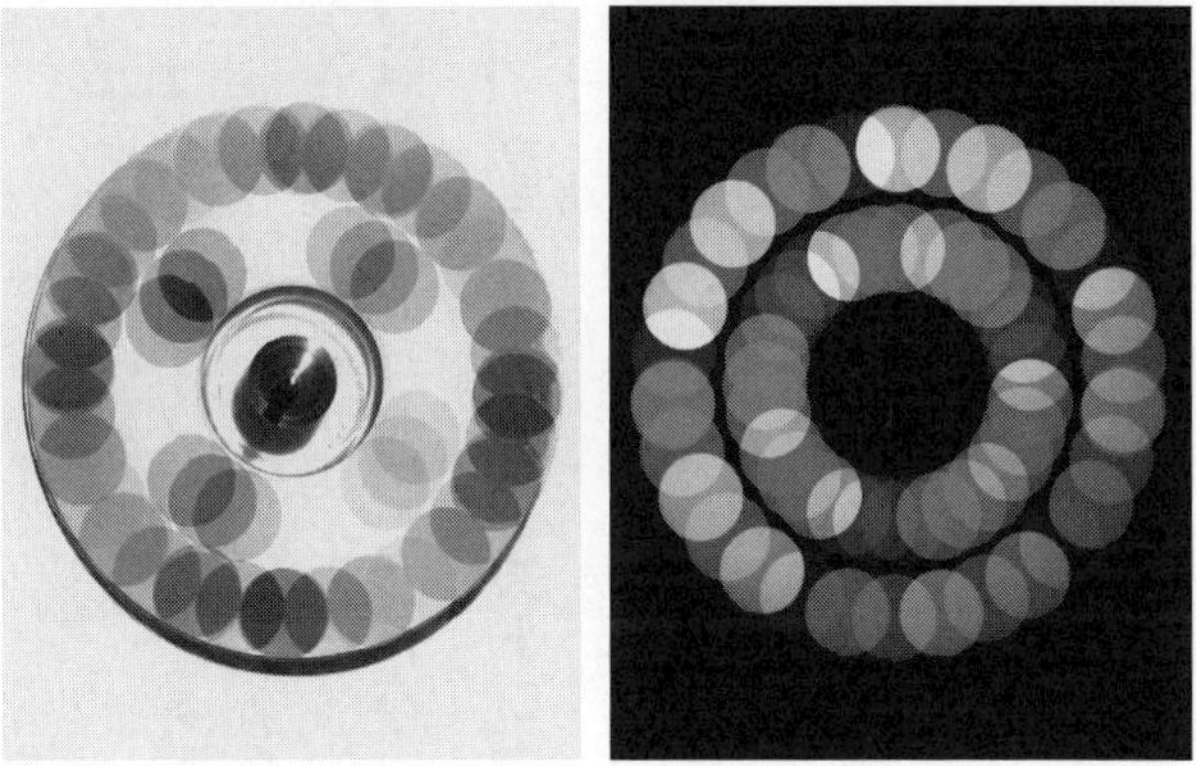

図7-4　ストロボライトでカラフルコマと蛍光カラフルコマ

フルな模様など、次々と姿を変えます（図７－４）。

いったい何が起こっていたのかをもう少し科学的に説明してみましょう。ストロボライトとは、カメラのフラッシュのような１０００分の１秒程度のとても短い時間の発光を、１秒間に例えば50回程度も繰り返す、いわば超高速で点滅するライトです。

このようなストロボライトで回転するカラフルコマを照らすと、光った瞬間の像が人間の目に焼き付きます。それが１秒間に50回も繰り返しますので、カラフルコマの一瞬一瞬の像が人間の目に焼き付きます。人間の目には、一度見たものがしばらく脳に残る残像という性質があります。すると、１秒間に50回もやってくる像をいちいち区別することはできず、すべて多重に重なって見えるのです。そのため、丸いカラーラベルの色や形はそのまま重なり合って、カラフルなグラデーションになるのです。明るいところで回したときは、いわば連続時間平均色になりましたが、暗闇のストロボライトの場合は、離散時間平均色になると言えます。

また、ストロボライトの点滅の間隔は例えば1秒間に100回から1秒間に1回程度まで自由に変えることができます。この点滅の間隔とカラフルコマの回転のスピードの比がちょうどよいときには、まるで止まっているように見えます。それ以外のときには、カラフルに点滅したり、色が回転しながら飛び回ったりと、変幻自在に次々と姿を変えていたのです。

ブラックライトストロボと蛍光カラフルコマ

最後に究極のカラフルコマを紹介しましょう。先ほど紹介した赤、緑、青の蛍光カラフルコマは普通のブラックライトで照らすと、光の連続時間平均色で白色のリングが現れました。ここで、ストロボライトをブラックライトに改造した、自作秘密道具のブラックライトストロボで照らします。すると、光の離散時間平均色になり、見たことのないような大変美しい赤、緑、青、シアン、マゼンタ、イエローのカラーグラデーションリングが真っ暗闇に出現します。しかも、周波数を変えることで、飛び回るように回転しながら、次々と色と動きと模様が変わります（図7－4）。現実離れした光景に大人も子供も声を上げて驚きます。この感動は紙面では伝えきれません。ぜひコマ科学実験教室で直接自分の目で確認してください。

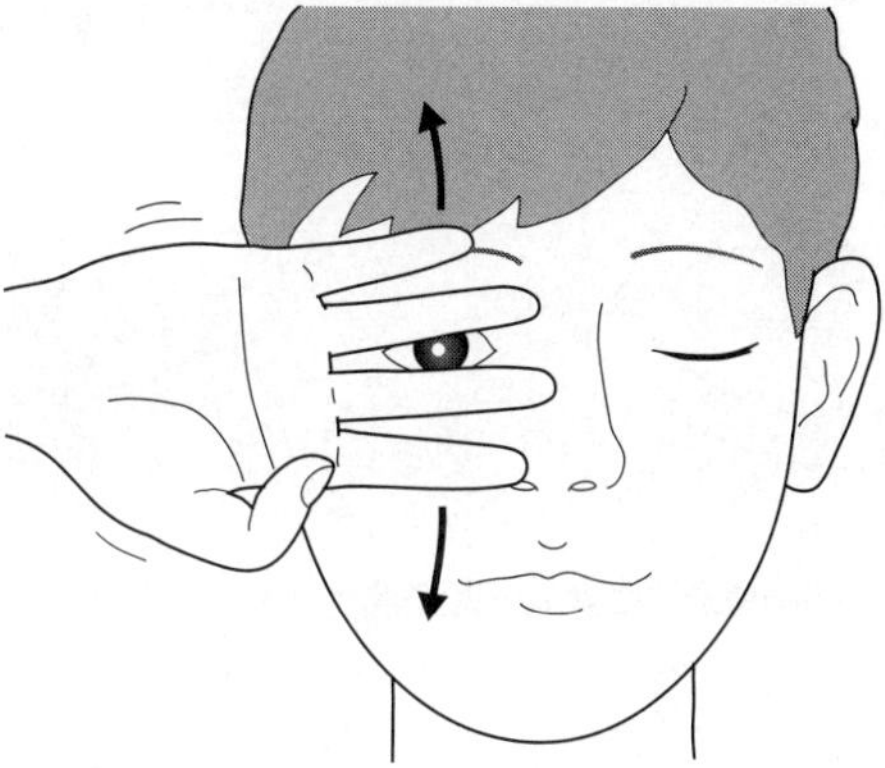

図7-5　片目バイバイ

このような特別な道具がない場合でも簡単にストロボの効果を体験できる方法があります。暗室も必要ありません。まず、図７－５のように左目を閉じて右目だけで回転するカラフルＣＤコマを眺めます。次に、右手の４本の指を１センチメートルぐらいずつ開けて右目のすぐ近くにもってきて、指と指の隙間からコマを眺めます。最後に、右手を高速でバイバイします。

　すると、４本の指と指の隙間から一瞬一瞬カラフルＣＤコマが見え、ストロボライトに近い効果が得られます。この動作を片目バイバイというと覚えやすいでしょう。同じような方法として、スマホ等で動画撮影するという裏技もあります。動画は1秒間に15回画面が区切られるため、ストロボライトに近い効果が得られます。また、スマホでストロボライトのアプリを利用するのもよいでしょう。

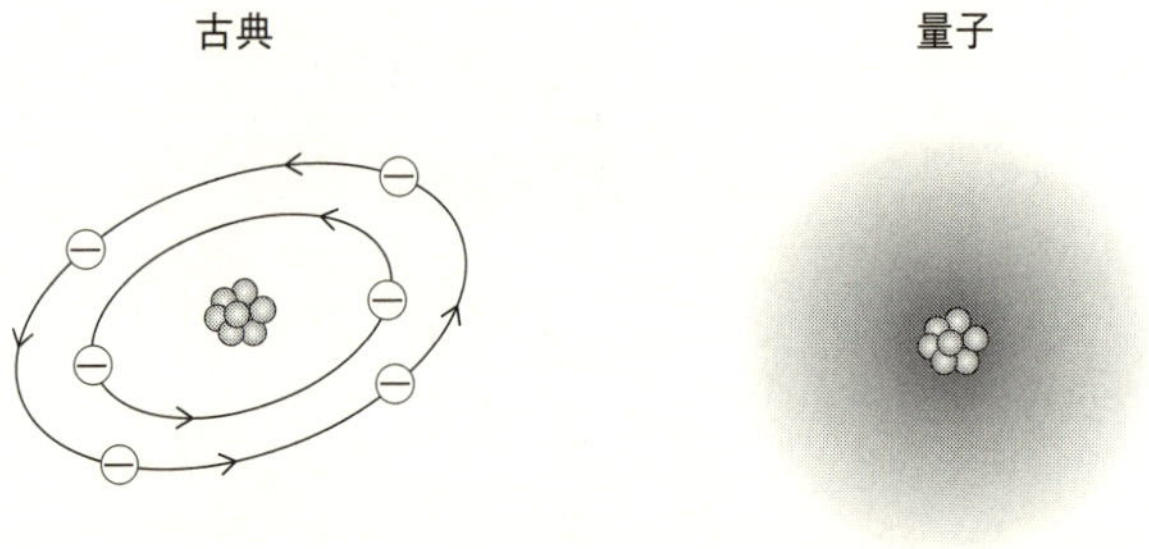

図7-6　原子の構造　古典的ー量子的

量子的コマ

クォークコマを紹介するときに、少し原子の構造について説明しました。中心の原子核の周りを電子がクルクルと回っています。電子の位置は飴玉の粒のようにはっきり決まっており、連続的に回転しています。このような描像の原子を「古典的」といいます。20世紀初頭までは原子の姿として信じられていました。

しかしながら、実際の原子は図7－6のように、中心の原子核の周りに電子がフワフワと広がって存在しています。電子の位置は綿あめの雲のように決まっておらず、電子を観測したとたんに飴玉の粒のように決まります。このような描像の原子を「量子的」といいます。現代では、すべての物質は、粒の性質と雲の性質を併せ持っており、量子力学で記述されることがわかっています。

このような量子力学的な原子の様子をコマで実感してみまし

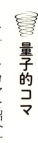

ょう。

まず、カラフルＣＤコマを応用して、原子コマを作ってみましょう。赤っぽいビー玉を原子核として、青系のシールを電子としてＣＤにいくつか貼れば原子コマの完成です。さらにこだわって、元素コマを作るのも一興です。電子のシールの数を、1、2、3、4、5、6、7、8、9、10個とすれば、水素、ヘリウム、リチウム、ベリリウム、ホウ素、炭素、窒素、酸素、フッ素、ネオンの元素コマの完成です。

では、この原子コマを回してみましょう。すると、青い電子シールが、赤い原子核ビー玉の周りをクルクル回転します。電子は連続的に円形の軌道を描きます。これは古典的な原子コマと言えます。ここに先述のストロボライトを照らします。すると、電子は原子核の周りを回っているようには見えず、離散的に電子の粒が観測されます。その分布は雲のように広がっています。これは量子的な原子コマと言えます。

もちろん、古典的な原子コマはともかく、量子的原子コマは量子力学に従う本物の原子の姿とは異なりますが、量子力学の感覚を小学生でも遊びながら疑似体験できます。なお、量子力学によると電子はスピンと呼ばれる回転の最小単位を持っており、文字通り世界で最も小さいコマの一つになっているのです。

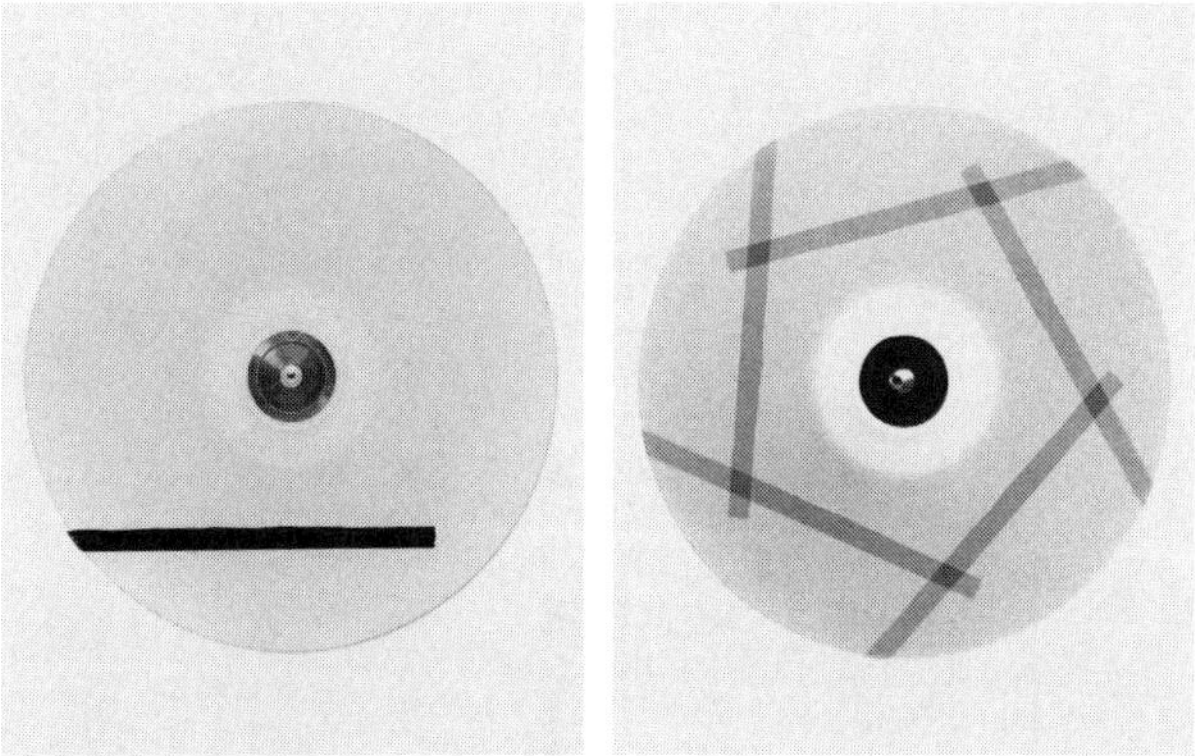

図7-7　一本線模様のコマ

一本線模様のコマで算数の図形のお勉強

ここまでは主に色に注目したCDコマを紹介してきました。ここからは、その図形や模様に注目したCDコマを紹介しましょう。

最も簡単な模様のCDコマには、たった一本の線が引いてあるだけです。中心から4センチメートル程度の位置に、太さ5ミリメートル程度のくっきりした黒い線を、長さ8センチメートルぐらいで一方が途中で切れるよう描きます（図7－7）。この一本線模様コマを明るい部屋で回すとうっすらとした円が現れるだけですが、部屋を暗くしてストロボライトで照らすとどうでしょうか？　突然目の前に正三角形が現れたと思いきや、次の瞬間に正方形、正五角形、正六角形に次々と変身します。

では、なぜこのように見えたのでしょうか？　コマ

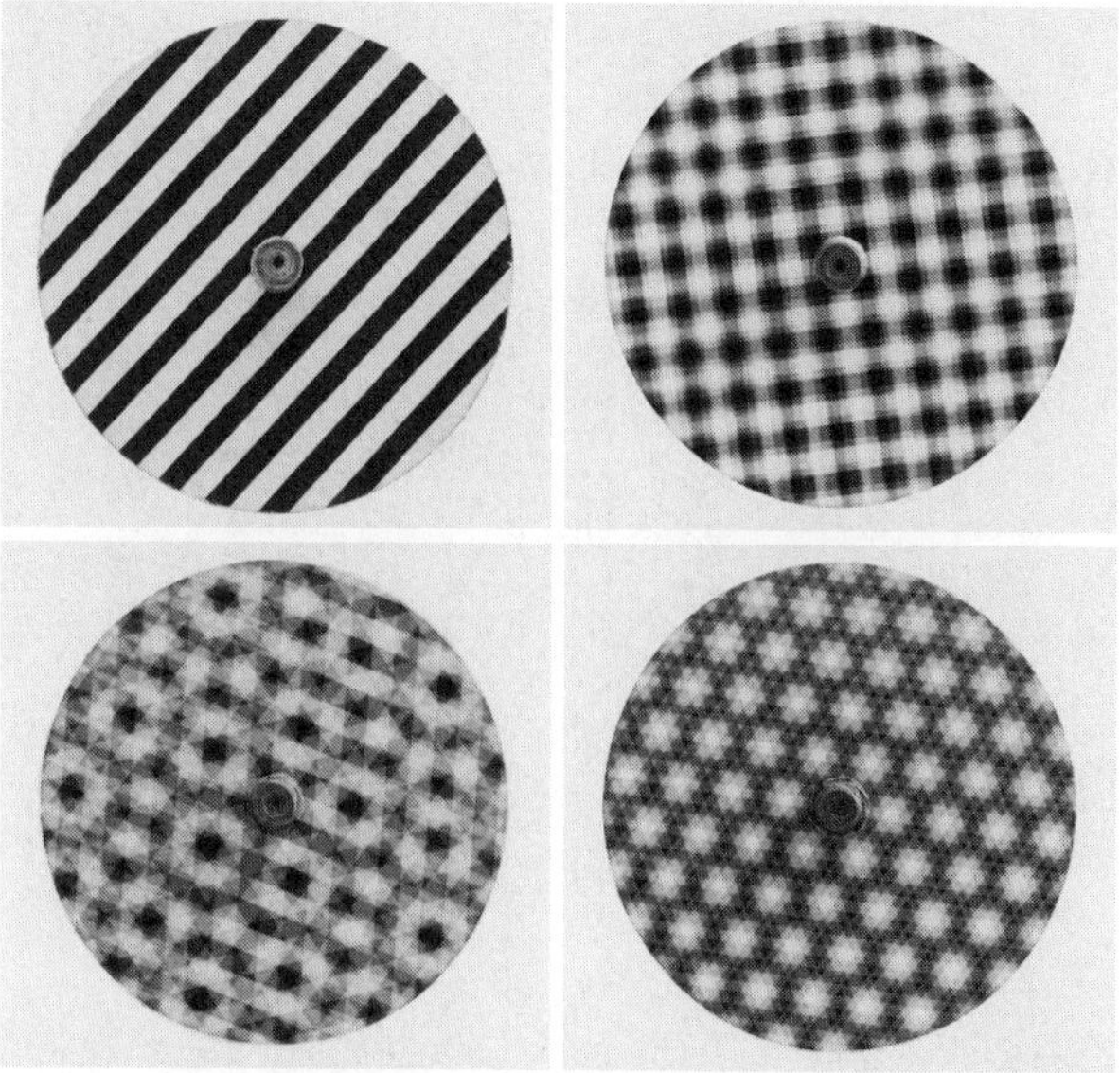

図7-8　しましま模様のコマ

の回転の周波数と、ストロボライトの発光の周波数の比が重要です。コマが一周する間にストロボライトがちょうど3回光るときに、直線が3回だけ目に入り三角形に見えます。同じく、ちょうど4回光るときに正方形に見えます。同様にして、ちょうどn回光るときに正n角形に見えるのです。コマが一周する間にストロボライトが1回光るときに、直線が一本だけ見えて、コマは止まっているように見えます。このとき、ストロボライトの発光周波数とコマの回転の周波数は一致しています。このような原理で、ストロボライトを用いれば、未知の速度で回転しているコマや扇風機やモーターなどの回転速度を調べることができるのです。

しましま模様のコマが雪の結晶に

もう一歩だけ複雑な模様のCDコマを紹介します。先ほどはたった一本の黒い線でしたが、次は黒い線をたくさん並べたしましま模様のCDコマです（図7－8）。このしましま模様コマを明るい部屋で回すと、うっすらとした多重の円が現れます。

では、しましま模様コマをストロボライトで照らすとどうなるでしょうか？　洋服やキッチンテーブルによくみられるギンガムチェック模様や、雪の結晶のような6角形のタイル模様が現れます。また、模様の中に回転する小さな渦巻が見える場合もあります。

水玉模様のコマがブラックホールに

続いて、直線の模様ではなく、水玉模様のCDコマを紹介します。白い背景に、5ミリメートル程度の黒い点が一見ランダムに100個ぐらい描かれています（図7－9）。この水玉模様コマを明るい部屋で回すと、ほとんど真っ白になってしまいます。ところが、暗闇でストロボライトを照らすと、中心から水玉のシャワーが放出されたり、まるでブラックホールのように水玉が中心に吸い込まれて消滅したりするのです。

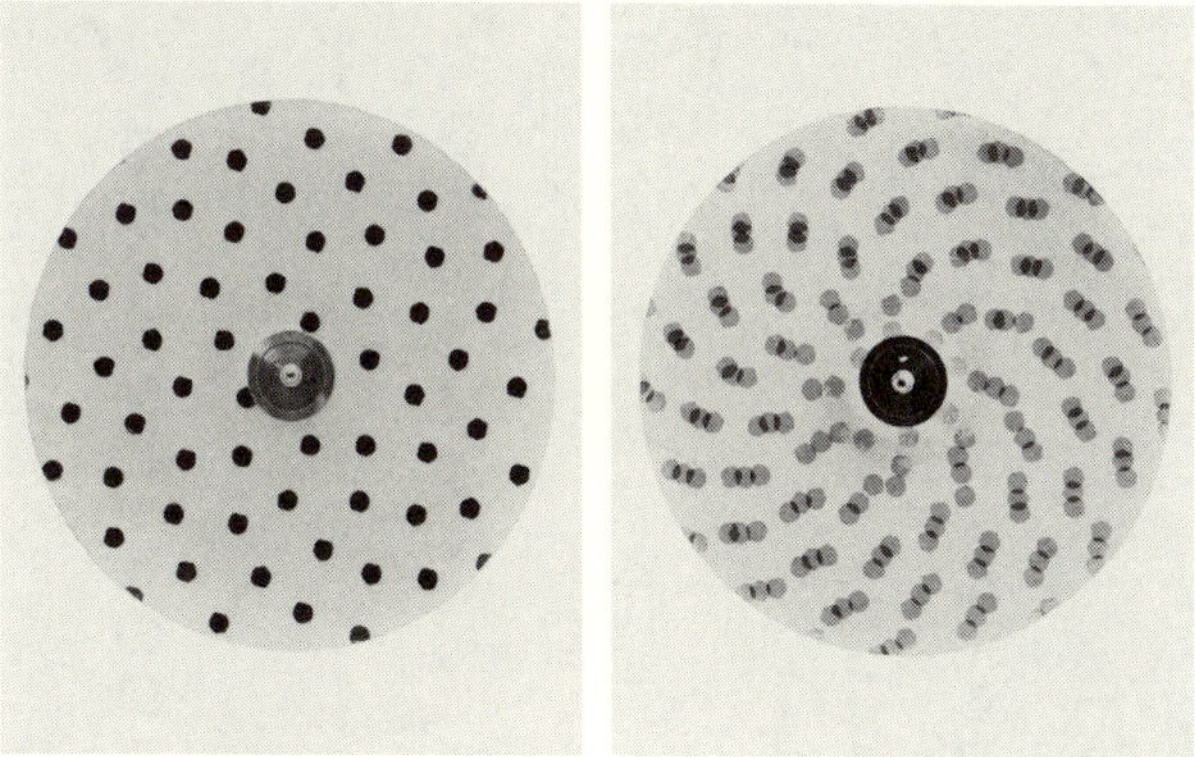

図7-9　水玉模様のコマ

なぜこのような動きが見られたのでしょうか？　水玉模様の配置は一見ランダムですが、実はフィボナッチ数列という規則に従って黄金角137・5度回転しながららせん状に並んでいたのです。ちょうど137・5度回転するときにストロボライトが点滅すると、水玉模様が少しずつ吸い込まれるように見えたのです。自然界には厳しい自然淘汰を生き延びるためにこの水玉模様コマと同じ配列で並んでいるものが数多く見られます。ヒマワリの種や植物の葉っぱの配列がその例です。

一本線、しましま模様、水玉模様のCDコマを紹介しました。これを、カラフル蛍光コマ同様に、蛍光バージョンにしてブラックライトストロボで照らすと圧倒的に美しくなります。特に、蛍光しましま模様コマは赤、緑、青のしましまを多重に重ねると色が混ざり合います。蛍光水玉模様コマも赤、緑、青にすると、カラフルなブラックホールとなります。ぜひ皆さんに見ていただきたいコマのひとつです。

東京オリンピックのロゴマークのコマ

東京オリンピックのロゴマークが発表された瞬間に、コマにして回さなきゃという使命感に駆られたのは私一人だったかもしれません。ロゴマークを印刷してCDに貼り付ければ東京オリンピックのロゴマークのコマの完成です。普通に回すと藍色の2重のリングが現れるだけですが、ストロボライトで照らすと、驚いたことに無数の藍色の長方形がコロコロ回転するアニメーションが出現します。

もちろんこれは作者が意図したものではありません。ロゴマークの「組市松紋」は、日本の伝統を感じさせる市松模様をモチーフに、3種類の長方形を30度ずつ回転させながら、数学的に厳密に配置してデザインされています。だからこそ、自然に内在していた性質だったのです。東京オリンピックのロゴマークのコマは、外国人へのお土産にも最適だと思います。

身近なものをなんでもコマに

これまで、様々な模様や色のCDコマを紹介しましたが、ここでは円形ではない様々な形のものをコマにしてみましょう。平ら、重心、軸の3ステップで、どんなものでもコマにすることができます（図７－10）。

ステップ１：平らで丈夫なものを探す

どんなものでもコマにすることはできますが、簡単なのは平らで丈夫なものです。回したときに面白いように、形や色がシンプルで変わっているものが良いです。ここでは、身近にある厚紙をコマにしてみましょう。ただし、形はいびつな三角形です。

ステップ２：いびつな形の重心を知る

平たいものの重心は形がどんなに複雑でも簡単に見つけることができます。まず、角の一つを指で軽くつまんで吊るします。そのとき、指で支えている位置（支点）を通る垂線上に必ず重心があります。支点から真下にマジックと定規で垂線を書きます。続いて、別の角を指でつまんで、全く同じことを繰り返します。すると、２本の垂線が交わる一点が必ずあるはずです。そこが重心です。実際に重心を指の上に乗せると、バランスを保って倒れないことが確認できます。

ステップ３：重心に軸をつけてコマの完成

重心さえ見つかれば、そこに穴を開けて軸を取り付ければコマの出来上がりです。厚紙の場合

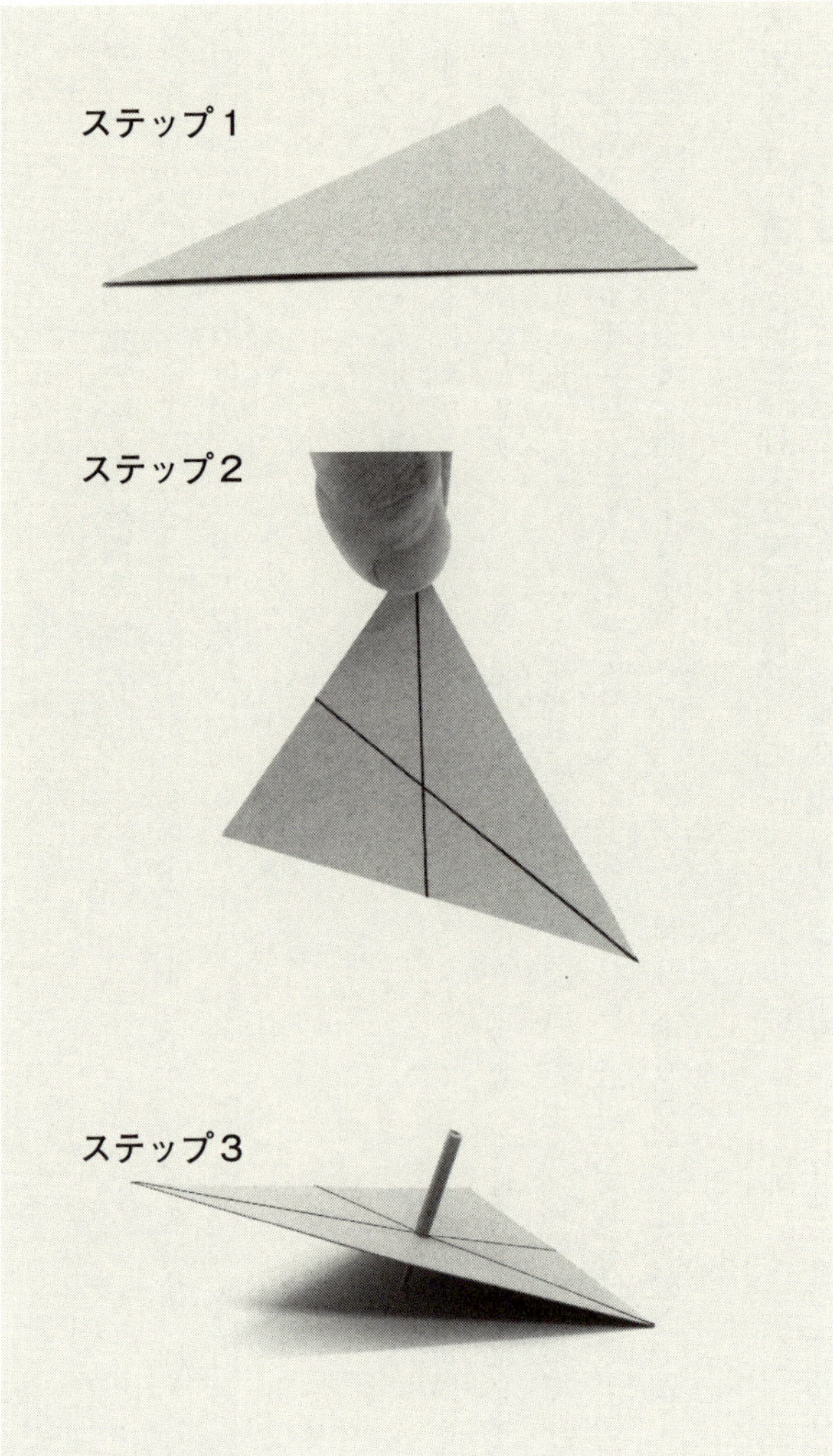

図7-10　コマの作り方

は、短めに折った爪楊枝を重心にまっすぐ差し込めばコマの完成です。ポイントは、軸を差し込み過ぎないで5ミリメートル程度で止めることです。すると、軸がしっかり固定され、重心も下がります。

下敷きの場合は少し作業が必要です。まず、重心に直径15ミリメートルの穴をあけます。1000円程度の安い電池式ドリルに、穴あけ専用ドリルであるホールソーを取り付けるのが便利です。そこに直径17ミリメートルのビー玉をのせて接着剤で固定すれば、コマの完成です。この方法は大抵のものに応用できます。私は自分のクレジットカードに穴を開けてコマにしました。

初心者マークのコマが花に蝶に変化

では、実践編として本邦初の回る初心者マークのコマを紹介しましょう。初心者マークは平らで丈夫かつ、黄色と緑色のツートンカラーで花びらのような形をしており、色も形も面白いものになっています。このような形でも「垂直線の方法」で重心を探すことができ、軸を通せば初心者マークのコマの完成です（図7-11）。重心を通っているためにいびつな形でも良く回りますが、見た目は淡い黄緑色になりあまり美しくはありません。

ここで再びストロボライトを用いてみましょう。初心者マークが1回転する間にストロボライ

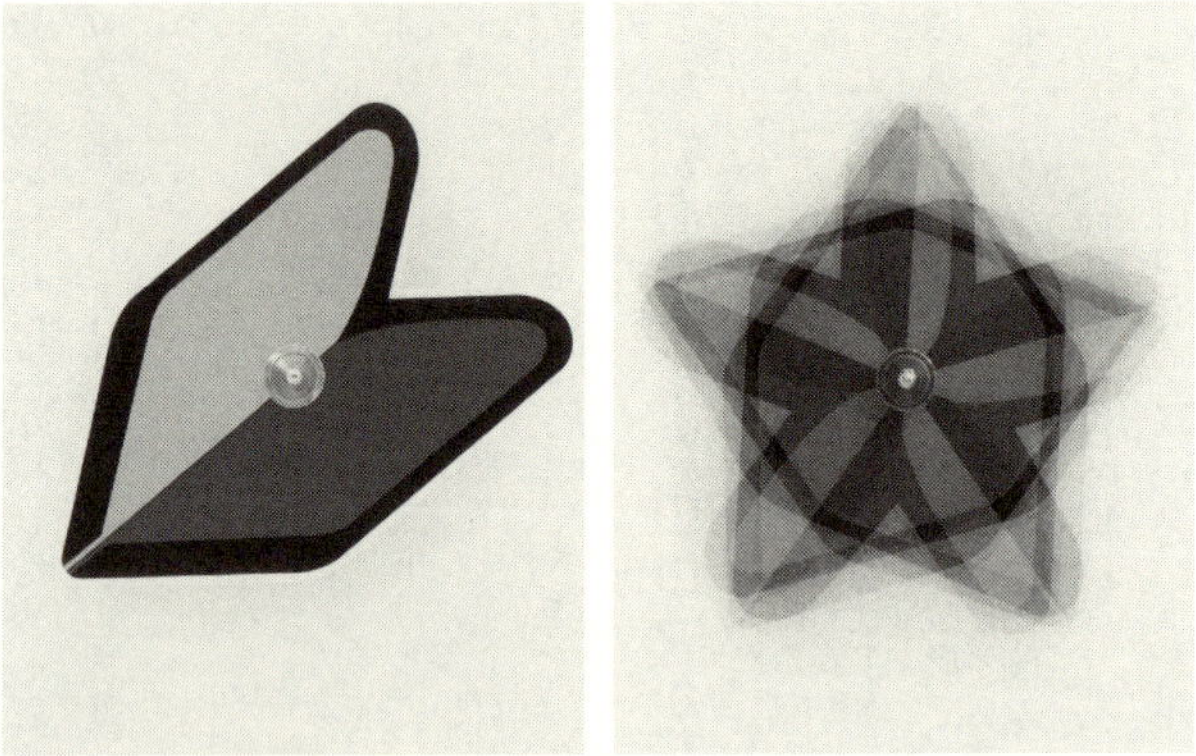

図7-11　初心者マークのコマ

トが5回点滅するように調節すると、美しい大きな花が咲きます。初心者マーク特有の花びらのような形や色合いが5枚重なって、一輪の花のように見えるのです（図7-11）。今度は、2回点滅するように調節すると、花から蝶々がひらひらと飛び立ちます。

高齢運転者マークの場合は、橙、黄、黄緑、緑の同系色の4色グラデーションで彩色されています。そのため、高齢運転者マークのコマを回すと隣り合う色が混ざり合い、ストロボライトで照らすと、数倍も美しい連続的なグラデーションが現れます。

このように、交通や案内に関するマークは瞬時に情報が伝わるように色や形がシンプルではっきりしていますので、コマの模様や形としても最適なのです。他にも無数の交通標識や案内のマークがお店で売られているので、いろいろ試してみるとよいでしょう。例えば、男女の青と赤のトイレのマークをコマにすると、

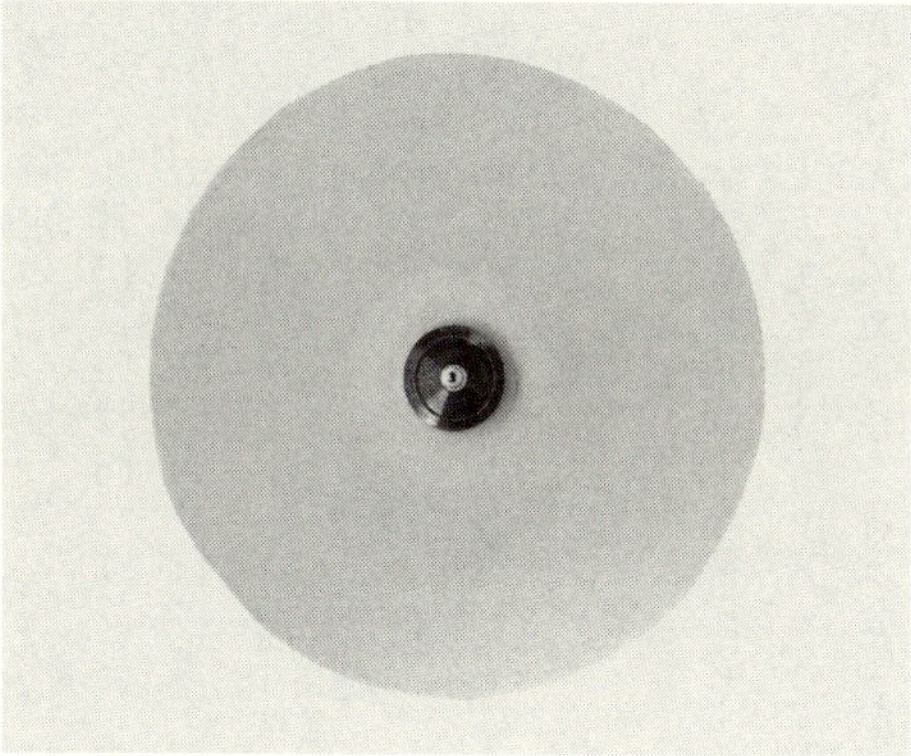

図7-12　蓄光コマ

男女が入り乱れて紫になるという面白い効果が得られます。

常に、「コマにして回したらどうなるだろう?」と自問しながら100円ショップや百貨店をショッピングするのも楽しいものです。買い物かごの中は一見すると統一感のない商品で山盛りになります。共通点は、平らで回しやすく、色や形がはっきりしている、という点のみです。なんでもコマにしてみましょう。

光の物理をコマに乗せる

この章でここまで紹介してきたコマは、主にその色や形を工夫したものでした。ここでは、単純に色や形では表せない、蛍光、蓄光、干渉などの光に関する物理現象と組み合わせた科学コマの真骨頂とも言えるコマを紹介します。すでに紹介した蛍光カラフルコマとブラックライトの組み合わせはその一例です。

図7－12のCDコマは何の模様もない黄色っぽいものですが、実は表面に蓄光シールが貼ってあります。蓄光とは、蛍光と同じように紫外線などの高いエネルギーの光を吸収して励起状態になり、特定の光の色で光る現象です。ただ、蛍光と異なり、2つの相いれない励起状態を経由するため非常に長い時間かけて少しずつ光を放出します。そのため、紫外線や太陽光をあてると、弱い光ですが数時間光り続けます。

ここで、秘密道具のレーザー光線が登場します。光は波の性質を持つことが知られていますが、普通の光は、色（波の長さ）や方向（波の進行方向）や位相（波の山と谷の位置）がバラバラのものが寄せ集まってできています。一方レーザー光線は、それらがすべてそろっており、単色で指向性が強く、干渉と呼ばれる波の現象を強く示します。ここで用いるレーザー光線は、よく見かける赤や緑のものではなく、珍しい紫色の紫外線レーザー光線です。ブラックライトのレーザー版とも言えます。

この紫外線レーザーを蓄光シールにあてると、数ミリ幅の非常にシャープな明るい軌跡で絵を描くことができます。一方で、より明るい緑色のレーザー光線を蓄光シールにあてても、何も起きません。似たような身近な例だと日焼けがあります。強いストーブのそばに一時間いても熱いだけで日焼けはしませんが、日光の紫外線を浴びると数十分で日焼けします。科学実験の例だと光電効果というものがあります。金属の板に紫外線をあてると電子が飛び出す現象です。これら

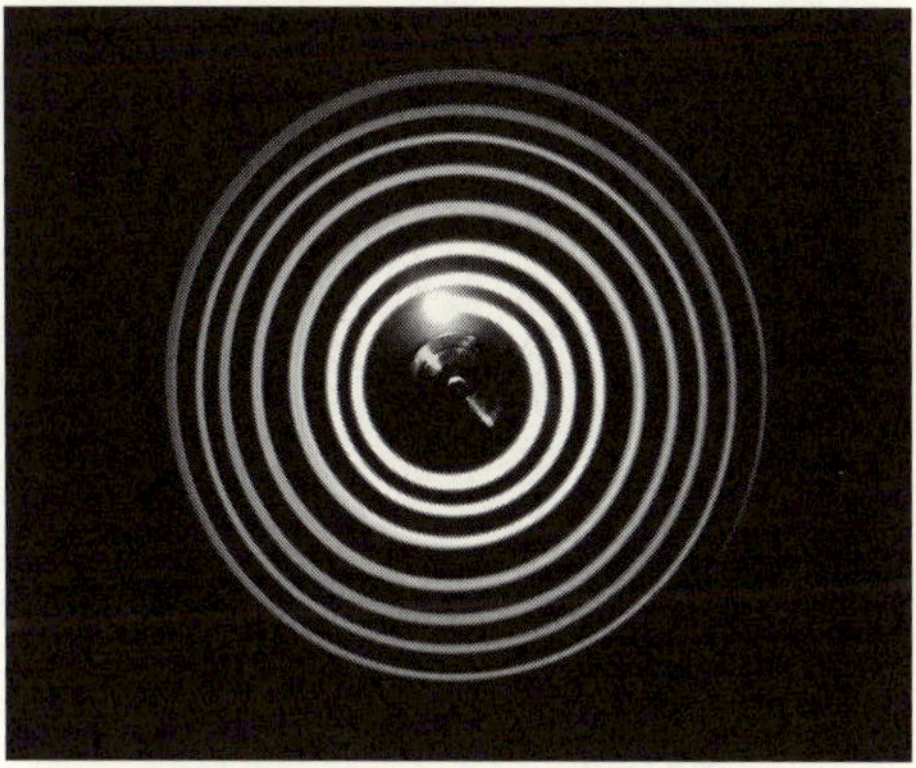

図7-13　紫外線レーザーをあてた蓄光コマ

の現象はすべて、光が粒子の性質を持っていることから説明できます。紫外線の光の粒子は強く、一発一発でこれらの反応を引き起こします。しかしながら、普通の光の粒子は弱く、一発でこれらの反応を引き起こせないので、バラバラに何粒あてても何も起きないのです。

蓄光コマと紫外線レーザーと光のスパイラル

話をコマに戻しましょう。紫外線レーザーを回転する蓄光コマにあてるとどうなるでしょうか。図7－13のように、レーザーの位置を止めれば光の円、レーザーを直線的に動かせばスパイラル、波打つように振動させれば光の花、コマの回転と同期させて振動させればフラフープのように中心のずれた円と、様々な光の絵を描くことができます。技を磨けば新しいジャンルの大道芸の舞台にもなりえますし、数学の極座標関数表示を描きながら理解する教材にもピッタリです。

紫外線レーザー光線が入手できない場合は、小さい紫外線光源をレコードの針のように蓄光コマに近づけることで比較的シャープな軌跡を描くことができます。お薦めなのは数百円で購入できるおもちゃのブラックライトペンや、ボタン電池付きの紫外線LEDです。さらに簡単な方法として、スマホの白色LEDライトがあります。白色光を出すために、青い光や多少の紫外線が含まれているのです。ライトの部分にセロハンテープを張って油性ペンで青と紫の重ね塗りをすることで、ブラックライト化するという裏ワザもあります。

回折と光の波動性

ここまでCDコマを多数紹介してきましたが、すべてその形だけを利用したものでした。ここではCDを裏返して、虹色に光る面にも注目してみましょう。CDにはデジタル情報を記録する細かい凹凸の溝が刻まれています。その溝はだいたい1マイクロメートル程度の間隔で並んでいます。このような1マイクロメートル程度で無数に並んだ格子状の構造は回折格子と呼ばれています。回折とは、光の波が回折格子で複数に分けられたときに、それぞれの光の波の干渉によって複数の角度に曲がって縞模様が現れる現象です。回折される角度が色によって異なるため、C

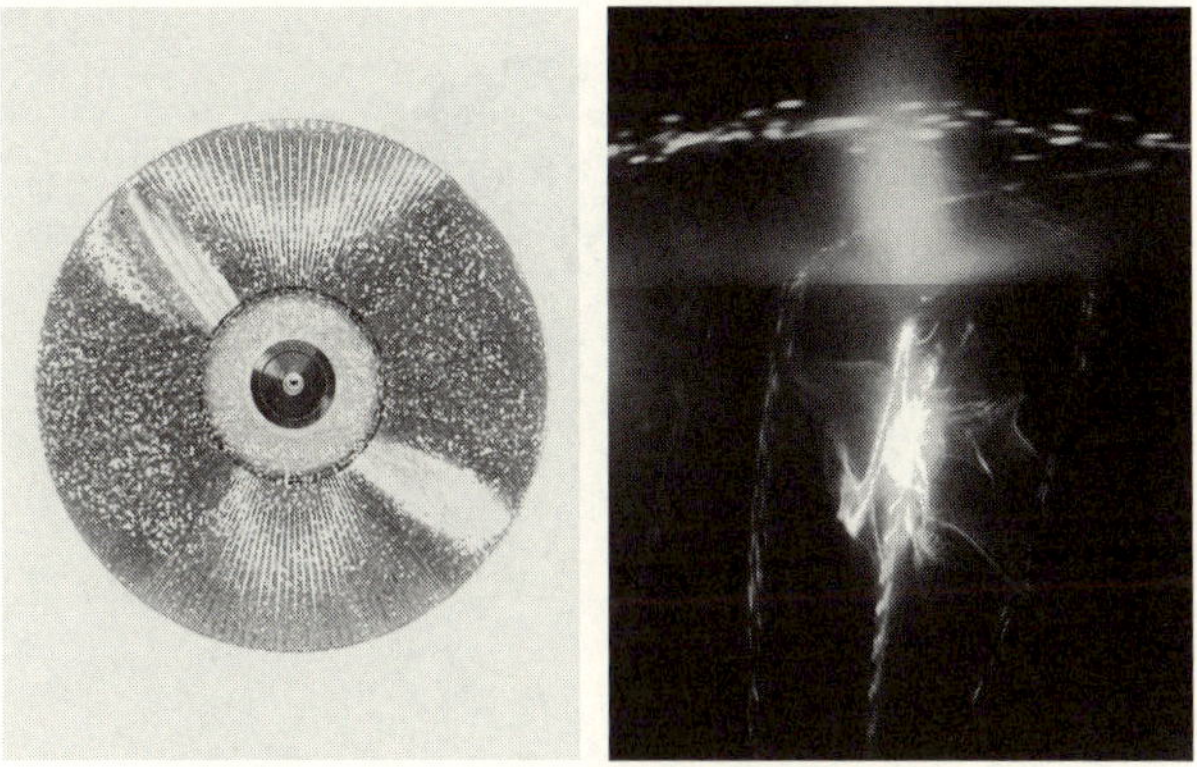

図7-14　回折格子コマと天井に写された光のスパイラル

Dは虹色の縞模様に光って見えるのです。

光が回折することは、光が波である証拠です。昔から、光は粒子なのか、それとも波なのか、という論争が１０００年以上続いていました。そこに光は波であると決着をつけたのが、１８０５年に行われたヤングによる回折の実験だったのです。しかし、蓄光コマのところでも説明したように、光は粒子の性質を持つことが１９００年前後にアインシュタインらによって提唱されました。現代では、光は波でも粒子でもない、両方の性質を併せ持つ量子であることがわかっています。驚いたことに、光だけではなく、すべてのものが粒子と波の性質を併せ持った量子であることがわかっています。このような量子を扱う学問が量子力学で、相対性理論と並ぶ物理学の二本柱です。

図7-15　ベンハムのコマ

回折格子コマのスパイラルレーザーショー

話をコマに戻しましょう。CDの虹色の面は回折格子の役目を果たしますので、そこに1本のレーザー光線をあてると100以上の光に分かれて天井を照らします。さらに、市販の回折格子シートやホログラムシートをCDに乗せると、多重の回折を起こして1万以上の光に分かれて天井を照らします。ここで、回折格子コマを回した状態でレーザー光線をあてると、図7-14のように天井が無数の光のスパイラルで包まれます。

目と脳の錯覚を利用したコマ

最後に、人間側の目や脳が生み出す錯覚を利用したコマを紹介しましょう。

図7-16　渦巻き模様のコマ

実は、ここまで紹介したカラフルＣＤコマも「残像」という一種の時間的錯覚を利用したコマでした。残像とは、一度目に映った色や明るさがしばらく残る現象です。残像のおかげで、コマを高速で回したときには時間連続平均色に、ストロボライトで照らしたときには時間離散平均色になっていたのです。

残像に関連して、「偽色」という錯覚があります。図７－15のように、白黒で４重のアーチを描いたコマを考えます。内側と外側では白黒の個数が異なっています。このコマを回すと、驚いたことに４色４重の色の輪が現れます。このコマは歴史的に非常に有名なコマで、ベンハムのコマと呼ばれています。偽色が見える理由は長い間研究されてきましたが、まだ完全には解明されていません。人間の目は色によって見えるまでのタイムラグが異なることが関係していると考えられています。この原理を考えれば、ベンハムのコマは無数に派生を考えることができます。

残像や偽色などの時間系の錯覚の究極版は、「動画」という錯覚です。例えば動物が歩く数コマの静止画をコマに描いたものを回してストロボライトで照らすと滑らかに歩く動画に見えます。不連続な静止画を脳が補完して連続的な動画と錯覚しているのです。このような動画は、昔であればゾートロープやゾートマロープ、現代では映画やTVとして当たり前のように見られています。

空間系の錯覚の究極版は「立体視」という錯覚です。人間の脳は2つの目に映った像の違いから立体的な情報を得て立体感を作り出します。CDの虹色の面を複数繋げた一枚のコマやホログラムシールを張ったコマを回すと、コマ自体は平面的ですが反射する光が立体的に見えます。

色や動きなど、同じものをずっと見ていると、それが見えなくなることを順応性といいます。逆に、順応した直後は存在しない色や動きを感じることがあります。図7‐16のような、渦巻き模様のコマを考えます。これを時計回りに回すと、渦巻きが中心に吸い込まれるように見えます。ここで、中心部分をじっと30秒間見つめ続けます。その直後に自分の手のひらを見ると、手がどんどん大きくなっているように見えます。

第8章 世界はコマでできている

これまでの章では、コマの物理、対戦、おもちゃなどを説明してきました。最終章では一気にスケールアップして、大きな世界と小さな世界にコマ探しの旅に出かけましょう。あらゆるところにコマが満ち溢れているというお話をしてこの本を締めたいと思います。この章ではジャイロ効果を利用していない回転体も含めて、広くコマと呼んでいます。

普通のコマの直径は2センチメートル、重さは50グラムくらいです。回転の速さは大体1秒間に20回程度です。回転の機構は慣性によるものです。このような普通のコマを基準に、まずは大きな世界のコマ探しの旅を始めましょう。

近代社会を支えるコマ「車輪」「モーター」

まずは身近なサイズのコマを探します。実は、身の回りの自然の中を探しても、回転しているものはほとんど見つかりません。車輪を使って移動する生き物はいませんし、プロペラのように回る植物もありません。そんなノーヒントの中、人類は回転する人工物を発明しました。それが車輪です。車輪のおかげで台車や馬車ができ、移動が圧倒的に楽になりました。また風車や水車としてエネルギーを得る方法を学びました。さらに、回転するだけではなく、回転を生み出すモーターが発明されました。このおかげで扇風機、掃除機、洗濯機、冷蔵庫、電車などが生まれ、生活が豊かになりました。

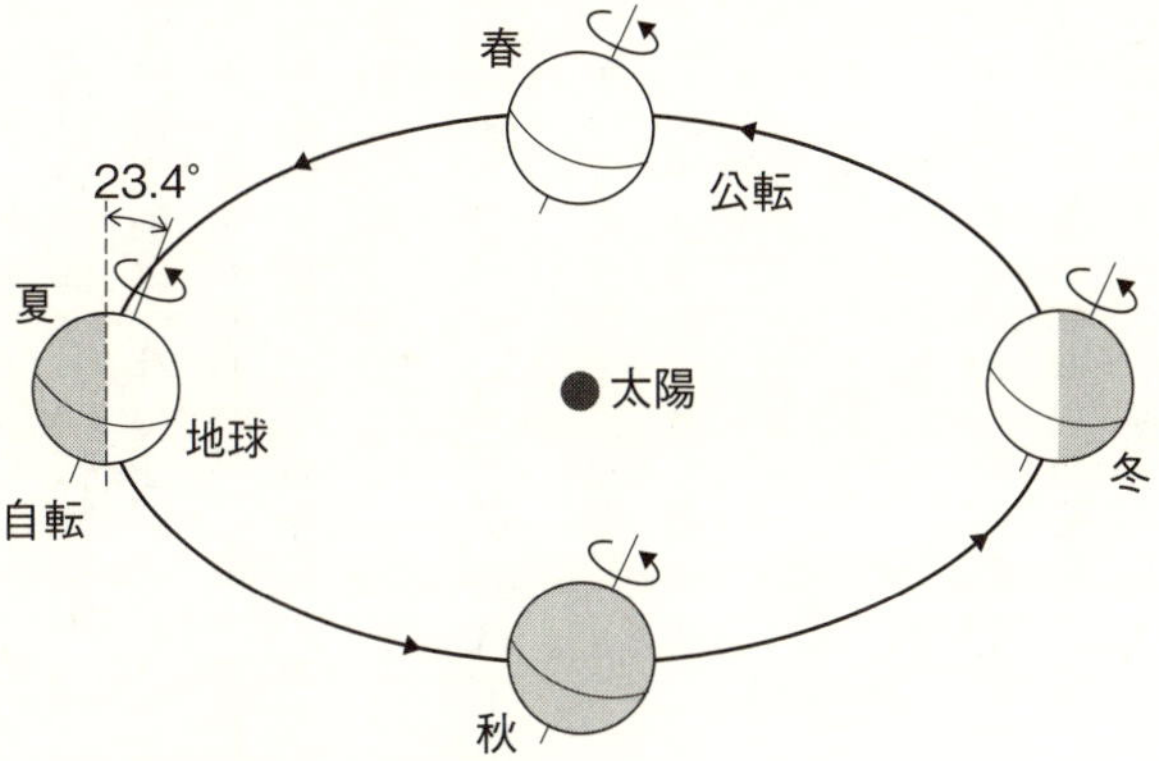

図8-1　地球の自転・公転と四季

また、回転によるジャイロ効果を直接利用したジャイロコンパスも発明されました。これにより、船や飛行機などの安定性が高まり、何よりも方角を正しく知ることで、当時は命がけだった航海は安全になり、多くの人命を救いました。現代でも小型化されたジャイロセンサーが携帯電話やドローンに搭載されています。まさに、生活のあらゆるところにコマが組み込まれ、近代社会はコマによって支えられているとも言えます。

生涯を共にする最も身近なコマ「地球」

では、さらに大きな世界に進みましょう。自然の中にはなかなか回転しているものがありませんが、実は最も身近なところにコマがあります。それは地球です。地球は半径６４００キロメートル、重さ6×10^{24}キログラムの巨大なコマです。自転の速さは文字通り

1日に一回転。角運動量保存の法則により、宇宙空間で長い間同じ速さで回転しています。

面白いのはその回転軸です。地球の回転軸は太陽を公転する面よりも23・4度だけ傾いています。角運動量保存の法則により、その回転軸の方向は長い間変わりません。その回転軸のはるか先にある星が不動の星である北極星というわけです。実は、日本に美しい四季があるのも、回転軸が変わらないコマの性質によるものです（図8－1）。我々は、まさに巨大なコマの上で一生を過ごしているのです。

変わったコマが紛れている「太陽系」

さらに大きな天体の世界では、もはやすべてがコマと言えます。太陽系は半径が45億キロメートルの平らなコマとも言えます。太陽の周りを8個の惑星が重力によって公転しています。回転の速度は惑星によって異なり、地球は1年で一回転、太陽に一番近い水星は90日、一番遠い海王星は165年で一回転します。このように、太陽に近く重力が強いほど速く回転するのが普通のコマにはない特徴です（図8－2）。

太陽系をコマ視点で眺めると面白い事実があります。8つの惑星の公転の向きはすべて同じですが、自転の向きに目を向けると、例外が紛れ込んでいます。金星は、上下逆さまに持って投げたコマのように、逆立ちして逆向きに自転しています。しかも自転速度が非常に遅く、1年が2

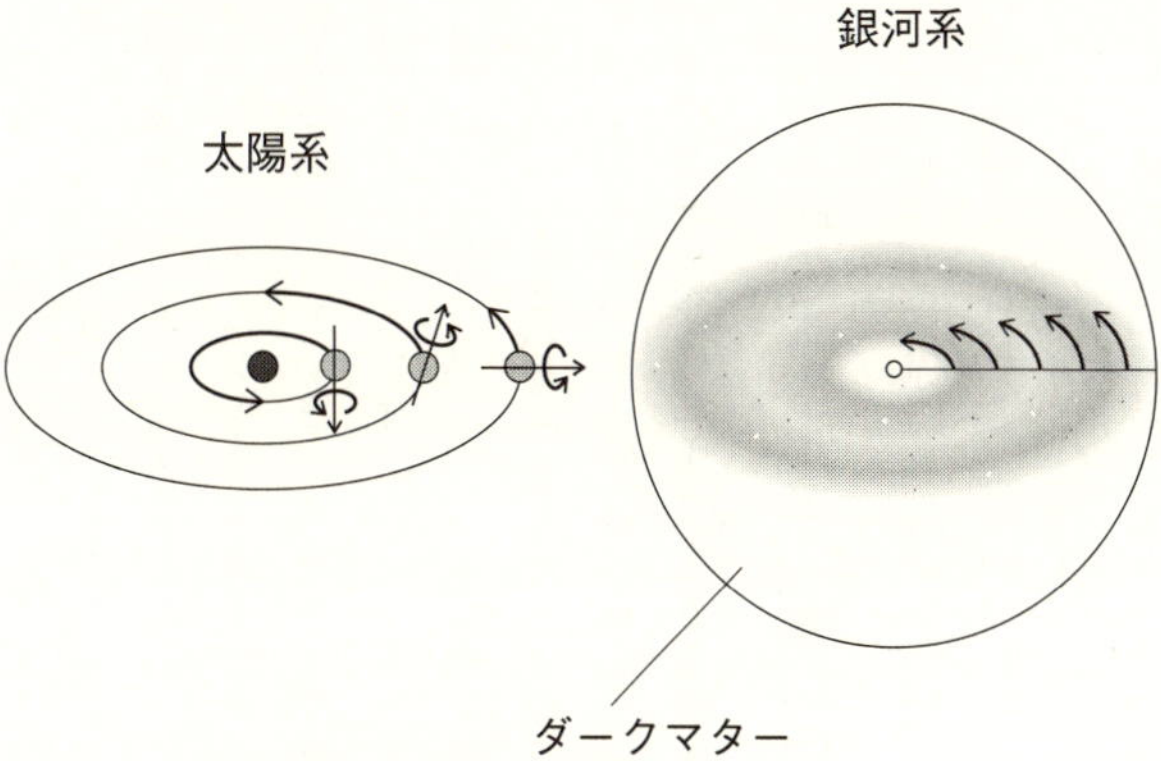

図8-2　太陽系の回転と銀河系の回転

日間しかありません。また、天王星は、倒れかけた地球コマのように、回転軸がほぼ真横に倒れています。ただし、その回転軸は長い間変わることはありません。なお、小惑星探査機「はやぶさ2」が接近した小惑星の「リュウグウ」はコマ形をしているということで話題になりました。小惑星は自己重力が弱いために球形にならず、赤道が広がったコマ形になることが多いそうです。

ダークマターのコマ「銀河系」

さらに大きな世界で、太陽のような恒星を数千億個含んでいるのが銀河系です。銀河系は直径が10万光年（1光年は約9×10^{12}キロメートル）で、重さは2×10^{42}キログラム（太陽1兆個）という途方もなく大きなコマといえます。その回転速度は2億年に1回というスケールです。

銀河系で何よりも面白いのは、まるで1枚のCDコマのように、全体がほぼ同じ速さで運動していることです（図8－2）これは太陽の重力で回っている太陽系とは異なります。このことを説明するために、導入されたのがダークマターと呼ばれる目に見えない物質です。実は銀河系の質量の80パーセントはダークマターで、それが全体に広がっていると考えることで、銀河系の回転が説明されています。ダークマターで回転する巨大なコマの辺境に我々の太陽系はひっそりと浮かんでいるのです。

さらに大きな世界では銀河団、超銀河団、宇宙の泡構造などの大きな構造があります。もちろん各々がある角運動量を持っているという意味ではコマですが、コマらしい形状は影を潜めます。宇宙全体の角運動量はあるのかゼロなのか、という疑問を掲げて、大きな世界のコマ探しの旅を終えましょう。次は小さな世界のコマ探しの旅に出かけます。

生命のエネルギー源「生体分子モーター」

少し小さな世界でもなかなか回転している構造を見つけることはできませんが、生き物の細胞膜にそれを発見することができます。生物の体の中にあるアデノシン三リン酸（ATP）は生物のエネルギー通貨ともいわれる極めて重要なものです。これを体の中で合成するたんぱく質は、なんと細胞膜に埋め込まれた、大きさわずか10ナノメートルで水素イオン濃度勾配によって動く世界最小のモーターだったのです。

生き物の中で回転する機構はないといわれます。それは、体がちぎれてしまうので当然かもしれません。しかし、生命にとって最も重要な要素の一つである、エネルギーの生成過程で、回転が使われているのは大変興味深いことです。まさに、生き物のエネルギー源はコマによって生み出されているのです。

量子力学のコマ「原子」

さらに小さな世界へコマ探しの旅を続けると、原子にたどり着きます。原子はプラスの原子核の周りをマイナスの電子が電気の力で回転している一種のコマと言えます。水素原子を例にとると、その大きさはわずか0・1ナノメートル、重さは1・7×10^{-27}キログラムです。では、電子の回転速度はどのくらいなのでしょうか？

実は、小さな世界へのコマ探しの旅はここで進路変更を余儀なくされます。このサイズの世界の法則は量子力学という物理に支配されています。そこでは、電子の粒が原子核の周りを回るという描像は成り立たず、電子の波が原子核の周りにまとわりついているのです。その波が穏やかな状態が遅い回転、波の変化が激しい状態が速い回転に対応しています。原子は100種類以上ありますが、その違いは電子の量子力学的な回転で支配されているのです。

コマの最小単位「電子のスピン」

小さな世界へのコマ探しの旅の終着点は素粒子の一つである電子です。電子の大きさは現在の理論ではゼロと考えられており、その質量はわずか9.1×10^{-31}キログラムです。電子は、その自転から類推されたスピンという性質を持っています。その角運動量（回転の勢い）の大きさは$\hbar/2$です。$\hbar$はプランク定数と呼ばれる量子力学で最も重要な定数です。実は、これがコマの最小単位なのです。また、スピンは磁石の最小単位であり、スピントロニクスと呼ばれる最先端の電子工学に応用されつつあります。スピンは21世紀の最先端科学を支える重要な要素になっています。

電子を含め、素粒子は17種類存在します。それらは、スピンによって大きく2つに分類することができます。電子のようにスピンが$\hbar$の1／2のものは物質を形作る素粒子、光のようにスピンが$\hbar$のものは力を伝える素粒子です。このように、スピンは世界の理論の根源にも根差しています。

さらに小さな世界への旅を続けると、万物の理論の候補ともなっている超ひも理論などがよく話題になっています。この「超」は超対称性を意味しますが、これは物質を形作る素粒子のスピンと、力を伝える素粒子のスピンを入れ替えたものを含めて考えるということです。一種のコマの性質が深いところまで関わっていることに感嘆したところで、小さな世界へのコマ探しの旅を終えましょう。大きな世界と小さな世界への旅を終えたところで、最後に小さくて大きい世界のコマを紹介します。

宇宙最強のコマ「超巨大ブラックホール」

非常に重たい物質が自らの重力で時空構造ごと崩壊したものがブラックホールです。どんなブラックホールでも回転しており、カー・ブラックホールと呼ばれるものに分類されます。ブラックホールの性質は、質量と回転のたった2つで表せるといいます。このような極限状態でも回転というコマの性質が残るというわけです。

ＳＦ映画『インターステラー』には、超高速回転する超巨大ブラックホールが登場しました。その質量は太陽１００億個分、そして回転速度は光速の99・8パーセントとのことです。このような回転するブラックホールの周りには、エルゴ領域と呼ばれる強制的に一方向に回転してしまう領域があるそうです。ブラックホールはまさに宇宙最強のコマと言えます。さらに、2つのブラックホールが引き寄せあい、スパイラル状に回転しながら合体することもあるそうです。このとき、時空を揺るがすほどの重力波が放出されます。宇宙最強のコマ同士の、究極のけんかゴマと言えます。

	半径	重さ	回転の速さ	回転の機構
電子	ゼロ (不明)	9.1×10^{-31}kg	(スピン $\hbar/2$)	相対論的 量子力学
原子 (水素)	0.1nm	1.7×10^{-27}kg	(軌道角運動量)	電磁気力 量子力学
ATP合成 酵素	10nm	1×10^{-21}kg	100回転／秒	水素イオン 濃度勾配
コマ	1cm	0.05kg	20回転／秒	外力
車輪	1m	10kg	1-10回転／秒	外力
地球	6400km	6.0×10^{24}kg	1回転／日	慣性
太陽系	45億km	2×10^{30}kg	90日(水星) 1年(地球) 165年(海王星)	重力
銀河系	10万光年	2×10^{42}kg (太陽1兆個)	2億年	重力
ブラック ホール	特異点 (不明)	2×10^{40}kg (太陽100億個)	光速の99.8%	重力

表8-1　さまざまなサイズのコマ

世界はコマでできている

この章で登場したコマを表にまとめたのが表8-1です。おもちゃのコマから始まって、大きな世界の銀河系から、小さな世界のスピンまで。世の中には回転しているものや回転に関係するもので満ち溢れています。まさに、世界はコマからできていると言っても決して過言ではないのです。今度おもちゃのコマで遊ぶときは、ぜひそんなことを思い出しながら回してみてください。

あとがき

コマのイメージがガラッと変わった。

もし、そう思っていただけたら本書の目的は達成されたといえます。コマと言えば、お正月に回す伝統的なもの、というイメージを持っていた方も多いと思います。コマには、なぜ倒れないのかといった科学の神髄、創意工夫を凝らしたコマ同士の熱い戦い、コマを用いた新しい科学実験など、無限の広がりがあるのです。本書が目指していたのは、コマの既成概念を打ち破る、まさに「新しいコマの本」です。

本書の物理解説の章を読んで、コマがなぜ倒れないか理解できたでしょうか？　いちおう理解できたけど、やっぱり不思議。なんて人が多いと思います。正直私も同じです。コマのことを知れば知るほど余計にわからなくなってきます。コマの不思議をさらに深く学んでみたくなった人は、ぜひ一歩上の本に挑戦してみてください。ここでは参考文献として『子供の科学　2018年1月号』（誠文堂新光社）、『コマの不思議』（黒須茂著、山文社）、『コマの科学』（戸田盛和著、岩波新書）を挙げておきます。

コマ大戦の章では、直径わずか2センチメートルのコマに創意工夫を注ぎ込む、ものづくり企業のその熱き思いを感じ取っていただけたでしょうか？　様々なコマを紹介しましたが、結局これぞ最強というコマはありませんでした。知れば知るほど、多種多様なコマの織り成す複雑な関係が浮き彫りになりました。紙面ではコマ大戦の熱い戦いをほんの少ししかお伝えできなかったかもしれません。コマ大戦は全国で毎週のように開催されていますので、ぜひ生のコマ大戦をご観戦ください。私も解説席に座っているかもしれません。

コマ科学実験教室の章では、これまで見たこともなかった様々なコマが登場したと思います。しかし、その魅力の神髄は、その動きと色にあります。ぜひ、生のコマ科学実験教室をご覧ください。あなたも気が付けば、ビックリ感動して声を上げているかもしれません。こどもコマ大戦やコマ科学実験教室の企画や開催に興味がある方は、遠慮なく私にお問い合わせください。全国どこへでも実施に参ります。

本書は決して私一人の力で書き上げたものではありません。

コマ大戦を通して関わったすべての関係者の方々に感謝いたします。マツダ株式会社の松田さん、大阪ケイオスの原田さん、松井さんは、近畿ブロック予選の総取りコマと共に、初めて私にコマ大戦のことを教えてくださいました。コマ大戦に初めて関わった「コマ大戦コース」では、コマ大戦協会会長（現名誉顧問）の緑川さんにお会いし、その後もコマ大戦の解説から教育活動まで幾度となくプロデュースしていただきました。そして、私の初めてのコマを何度も調節しながら作成してくださった上坂精工の上坂さん、手書きの設計図をプロ仕様に仕上げてくださったアタイス工業株式会社の玉那覇さん、力強い投げ手のトレーニングをしてくださった飯田さんには最大限の感謝をいたします。私が近畿予選で優勝できたのは、彼らと4人でチームを組んだからです。世界コマ大戦には4人が一丸となって挑みました。この様子を数百時間も密着取材していただいたMBSの亀井さんはもはやチームの一員となっていました。その一部始終をTVで放送していただいたことは一生の思い出です。

コマ大戦を彩る、攻守多様な様々なコマを生み出し、ご協力いただいた方々に感謝いたします。高重心型コマ「タオレネード」を開発した有限会社スワニーの橋爪さん、開き系変形型コマ「ねこパンチ」を発明したタカノ株式会社の中原さんには、世界コマ大戦に挑んだ「ジャイロ3タオレネードガルガンチュア」から「ちばコマキット」まで、様々なアイデアのヒントをいただきました。

ベアリング型コマ「スケルトンコマ」を開発した岩坂さんら中村ターンテック株式会社の方々には、貴重なベアリングコマを教育用にとご提供いただきました。

止まる系コマを発明した株式会社由紀精密の大坪さんは、第1回コマ大戦全国大会で優勝、世界コマ大戦の解説も的確にこなし、密かに影響を受けていました。

軽量型コマを近畿予選で繰り出したエナミ精機は、私の人生初試合の相手でした。近畿予選に出場した全34チームにも感謝しています。優勝インタビューで宣言した通り、総取りした34個のコマは教育にしっかり活かされています。

撮影用に貴重な総取りコマをご提供くださった、第2回コマ大戦全国大会優勝の有限会社シオンの山田さん、世界コマ大戦優勝の有限会社カジミツの松宮さんに感謝いたします。隣の席でダブル解説ができたのも貴重な経験です。

コマ大戦の司会の羽田詩織さん、実況の黒楫田さんには司会実況解説のコンビで何度もお世話になりました。

全国の科学館から、商店街や結婚式まで、約100回のコマ科学実験教室を企画運営していただいた全ての方々に感謝します。そして、何よりも参加してくれた約5000人の子供たちに感謝します。子供たちに喜んでもらいたい一心で、寝食も忘れてコマ科学実験教室の開発に取り組みました。

トムソン・ロイターの三輪さんには、初めてコマ科学実験教室を実施する機会をいただきました。このときに、コンペで優勝できたことがその後の原動力にもなりました。

株式会社リバネスには、「理科の王国」で初めて組織的にコマ科学実験教室を行う機会をいただき、さらに超異分野学会では特別賞をいただくなど、課題を解決する力をいただきました。ちばコマのメンバーとは「ちばコマキット　ベーシック」の開発を行い、特に集大成となる「コマ祭り」を行いました。その様子がNHKでも放映されたことはその後の原動力ともなりました。

地元横浜の心技隊の方々には、横浜市子どもアドベンチャーの実施をはじめ幾度となくお世話になりました。東急グループの株式会社キッズベースキャンプでは全23店舗のコマ実験ツアーの機会をいただき、ブラッシュアップにつながりました。

最後になりましたが、3年間も本書の完成を辛抱強く待っていただいた編集部の家中さんに深く感謝を申し上げます。

付録　回転する物体の物理

コマは物理で説明できます。物理では、まず「速度」や「加速度」といった物理量を明確に定義し、次にそれらの関係である物理法則を調べていきます。その物理法則により、物体に与えられた力から、物体の運動の未来を決定します。これができたら、その物体に関してはすべてが理解できたことになります。

この章では、まず最も簡単でわかりやすい「直線運動」の物理について説明します。「速度」や「加速度」といった物理の基本的な考え方や法則を数多くの具体的な例に触れながら肌で感じていただきます。続いて、それらの直線運動の考え方をそのまますべて回転運動バージョンにして、よりコマの運動を記述するのに役立つ形にしていきます。

物理で説明する、と聞くと難しく感じるかもしれませんが心配いりません。一見難しい用語も出てきますが、なるべく数多くの例を挙げてその意味が直感的にわかるように書いています。

最初は、ここで説明することがすべて理解できなくても全く大丈夫です。

それでは、頭をフル回転させて進めていきましょう。

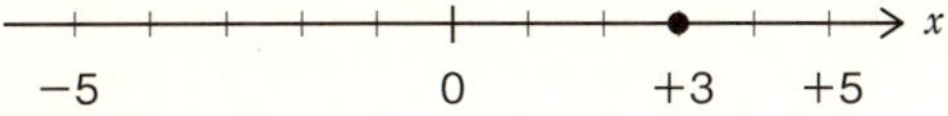

図1　数直線

待ち合わせの約束で伝えたいこと「位置」：x

皆さんは人と待ち合わせの約束をするときに相手にどのような情報を伝えるでしょうか？　例えば、「明日朝10時に、東京駅の改札前で」という風に、必ず「いつ？」「どこで？」という情報を伝えているはずです。この「どこで」に当たるのが最初の物理量である「位置」です。

待ち合わせの場合は駅名や名所がよく使われますが、これでは自由自在に連続的に動く物体の「位置」を表すのに不便です。そこで物体の位置を表すために図1のような数直線が使われます。物体の「位置」をxの値として表すものです。この例では$x=3$の位置に物体がある様子を表しています。

しかしながら、「位置」を表すのに1つの数字xだけでは足りません。地球上のあらゆる「位置」を示す方法として緯度と経度があります。例えば、東京駅の「位置」は北緯35・68116度東経139・76705度です。このように、地球上の「位置」は2つの数字で表すことができます。

我々の住んでいる世界はさらに高さがある3次元空間ですので、図2のようにx軸とy軸とz軸の3つの軸で「位置」を表す必要があります。この例では、$x=$

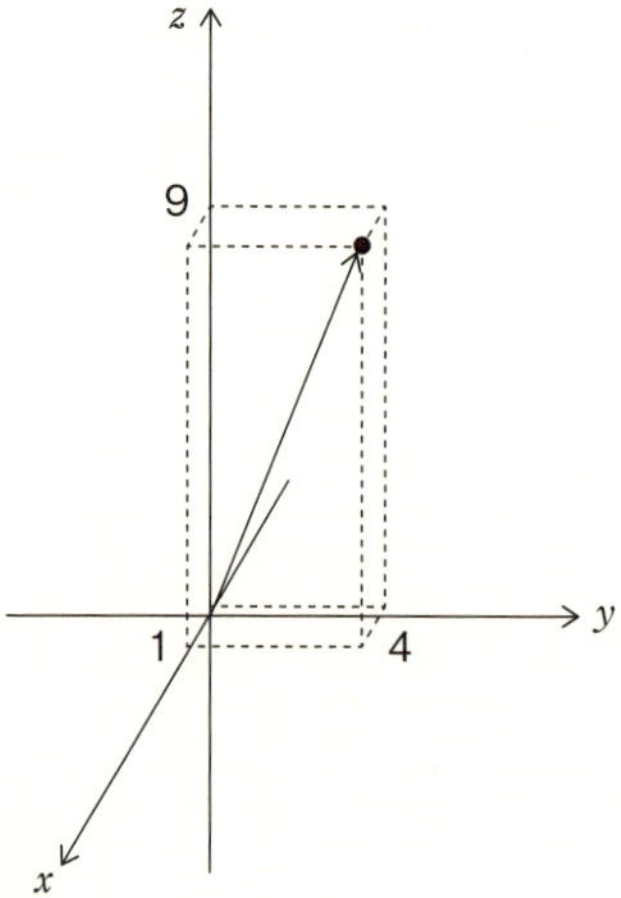

図2　3次元の座標

1、$y=4$、$z=9$の位置に物体がある様子を表しています。原点（0,0,0）から物体の位置（1,4,9）に向かっている矢印は物体の「位置」の「向き」を示しています。ここから先は話を簡単にするため、しばらく1次元のx軸だけを考えてみましょう。

足が速いと足が遅いは何が違う？「速度」：v

皆さんは小学6年生のときに50メートルを何秒で走ることができたか覚えているでしょうか？　男子の平均は8・5秒、女子の平均は9・0秒ぐらいだそうです。今はだれも信じてくれませんが、私は当時7秒台で走れたので、運動会のリレーの選抜選手の常連でした。50メートル走の世界記録は5秒台だそうです。

では、これらの時間の差は何が生み出しているのでしょうか？　足が速い、足が遅い、という言葉が示す通り、それは「速度」の差が原因です。「速度」は英語でVelocityと書きますので、その頭文字をとってvと書きます。「速度」とはある時間内に「位置」がどのくらい変化するかの割合のことで、

v（速度）$=x$（距離）$/t$（時間）

で計算することができます。例えば、小学6年生の男子平均の「速度」は

50m/8.5s＝5.9m/s

女子平均の「速度」は

50m/9.0s＝5.6m/s

と計算できます（ここでsは秒のことです。Secondの頭文字から来ています）。ただし、ここで一点注意があります。これらは50メートルの平均の「速度」だということです。実際の50メートル走ではスタート直後は「速度」ゼロから始まり、「速度」は時間とともに徐々に増加していきます。高校生以上の方は数学の授業で微分を習ったという人もいると思います。このように徐々に「速度」が変わるような場合の「速度」は「位置」を時間で微分することで計算できます。

車がグングン加速する度合い「加速度」：a

車に乗って時速80キロメートルでドライブをしているとしましょう。前方に赤信号が灯るとブレーキを踏んで徐々に「速度」が遅くなり時速0キロメートルで停止します。再び青信号になるとアクセルを踏んで徐々に「速度」が速くなり時速80キロメートルに達します。

先ほど「位置」が一定時間内に変わる割合として「速度」を考えましたが、さらにその「速度」が一定時間内に変わる割合のことを「加速度」と言います。赤信号で減速するときの「加速度」はマイナス、青信号で加速するときの「加速度」はプラスになります。アクセルを軽く踏めば「加速度」は小さく、アクセルを強く踏めば「加速度」は大きくなります。

アクセルという言葉が示す通り、「加速度」は英語でAccelerationと言いますので、頭文字をとってaと書きます。「加速度」は「速度」の変化を時間で割ることで計算できます。

a（加速度）＝速度の変化/時間

例えば、止まった状態からアクセルを踏んで10秒間で時速80キロメートルに達したとしましょう。時速80キロメートルは秒速22メートルなので、その時の「加速度」は

（22m/s）／（10s）＝2.2m/s^2

となります。「加速度」の単位はm/s^2（メートル毎秒毎秒）になります。高校数学の知識を使う

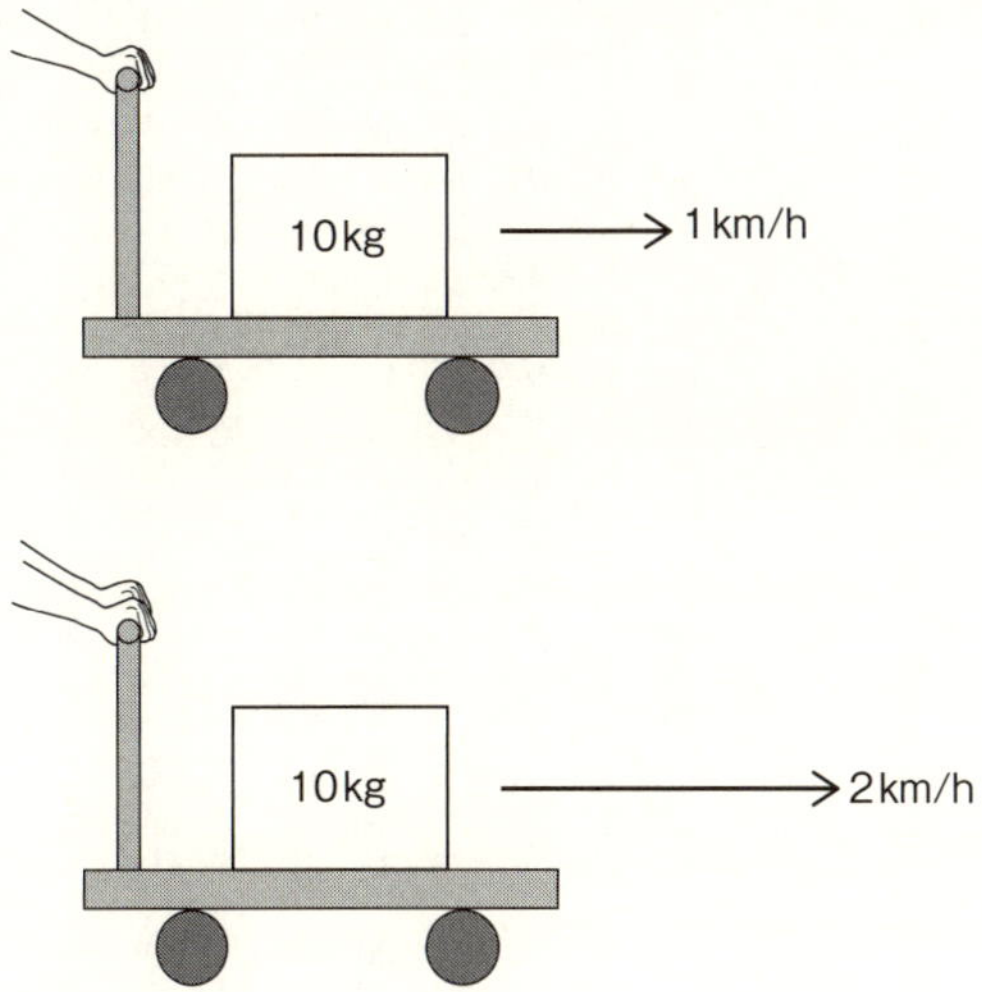

図3　台車を押す

と、「加速度」は「速度」の時間微分、または「位置」の2回時間微分になります。加速というのは何も乗り物に乗った時だけ感じるものではありません。ものを落とすと重力によって下向きにグングン加速しながら落下していきます。重力による「加速度」のことを重力加速度と呼び、その大きさは約9・8メートル毎秒毎秒です。

何がものを加速させるか「力」：F

図3のように10キログラムの重りを載せた台車を押すことを考えてみましょう。まず、台車を片手で1秒間だけ押してみます。すると、台車は時速1キロメートルまでゆっくり加速したとします。では、今度

は両手で同じく1秒間だけ押してみたらどうでしょうか? 台車は時速2キロメートルまでグングン加速するでしょう。

このように、物体に「加速度」を与える原因が「力」なのです。「力」は英語でForceと言いますので、その頭文字をとってFと表します。

よく誤解されるのですが、「力」が生み出すのは「速度」ではありません。あくまでも「加速度」であることを意識する必要があります。弱い「力」で押したら遅く進む、強い「力」で押したら速く進むということではありません。弱い「力」で押したらゆっくり加速し、強い「力」で押したら速く加速するのです。

一定の「力」で押し続けたら「速度」は一定にはなりません。「加速度」が一定になり、「速度」は変化し続けるのです。誤解が生じやすい原因としては、身の回りに空気抵抗や摩擦が満ち溢れており、加速が妨げられるからです。

このような、「力」についての学問は力学と呼ばれ物理の入り口になっています。ただし力学は、なぜ「力」が発生するのか? 「力」とは何なのか? を考える学問ではありません。力が与えられたときに物体がどう動くかを一意に導く学問と言えます。

物体の動かしにくさ「質量」: m

では、同じ「力」を加えれば、「加速度」はいつも同じなのでしょうか。台車に10キログラムの重りと、2倍の20キログラムの重りが載っているとします。それを両手の力で1秒間押してみます。すると、10キログラムのほうは先ほどと同じように時速2キロメートルまで加速されますが、20キログラムのほうは半分の時速1キロメートルまでしか加速されません。

このように、「質量」は物体の加速のしにくさを表しているのです。「質量」のことを英語ではMassと言いますので、頭文字をとってmと表します。

「質量」と言うと、軽いもの、重いもの、というように重力による重さのことをイメージする人が多いと思います。このような重さは正確には重力質量と呼ばれています。一方、ここで考えている物体の加速のしにくさは慣性質量と呼ばれ両者は区別されています。

慣性とは速度がそのまま変わらない性質のことです。大変不思議なことに、重たいものも軽いものも同じ重力加速度で落下します。これは重力質量と慣性質量が同じであることを意味しています。アインシュタインは両者が本質的に同じものであるとする等価原理を見出し、一般相対性理論を構築します。

物体の動きを導く大切な方程式　「運動方程式」：F＝ma

ここまでで、「加速度」a、「力」F、「質量」mの3者が出そろいました。同じ「力」であれば軽いほど速く、重いほどゆっくり加速します。同じ質量であれば、弱く押すとゆっくり、強く押すと速く加速します。すなわち、「加速度」は「力」には比例し、「質量」には反比例すると言えます。

これらの関係を式として一つに結び付けたものがニュートンの運動方程式です。

F（力）$= m$（質量）$\times a$（加速度）

初歩の物理では最も重要な式の一つです。1キログラムの物体を1メートル毎秒毎秒の加速度で加速するときの力を1ニュートン（N）と言います。1ニュートンは大体ミカン1個分ぐらいの重さ（100グラム）に相当する力です。

運動の勢い　「運動量」：P＝mv

先ほど台車を両手の力で1秒間押したときに、10キログラムの台車は時速2キロメートルになり、20キログラムの台車は時速1キロメートルになるという例を挙げました。

では、運動の勢いがあるのはどちらかと聞かれたらどうでしょうか？「速度」が2倍の前者でしょうか？それとも、「質量」が2倍の後者でしょうか？

きっと、「質量」も「速度」も両方とも重要で運動の勢いに関係していると感じる人が多いと思います。そういうときは「質量」×「速度」を考えてみましょう。前者の場合は「10」×

直線	位置 x	速度 v	加速度 a	力 F	質量 m
回転	角度 θ	角速度 ω	角加速度 $\frac{d\omega}{dt}$	力のモーメント N	慣性モーメント I

直線	運動方程式 $F=ma$	運動量 $P(=mv)$
回転	回転の運動方程式 $N=I\frac{d\omega}{dt}$	角運動量 $L(=I\omega)$

表1　直線運動と回転運動の対応

「2」＝「20」、後者の場合は「20」×「1」＝「20」となり、両方とも「20」になりました。

このように「質量」×「速度」で表すことができる運動の勢いを「運動量」といいます。実は、両方の台車は同じ力で同じ時間だけ押したので、同じ運動の勢いを持っているのは当然だったのです。

運動量保存の法則：F＝0：mv＝一定

では、台車を押した後はどうなるでしょうか？　10キログラムの台車はずっと時速2キロメートルで動き続け、20キロメートルの台車はずっと時速1キロメートルで動き続けます。このように、外部から力が働いていないときに運動量が変化しないことを、「運動量保存の法則」といいます。

ここまで、物体の運動を考えるうえで重要な概念を、最もわかりやすい直線運動の場合で考えてきました。一方で、コマの運動を理解するには、回転運動について考える必要があります。表1のように直線運動の場合の考え方をそのまま回転運動に対応させて、一つ一つ例を出しながら体感しておきましょう。

「位置」の回転版 「角度」：θ

身の回りで回転するものといったらどんなものがあるでしょうか？ 部屋や町中を見渡して探してみてください。ここではいくつかの例を挙げて「角度」を実体験と結び付けてみましょう。

一番見つかりやすい回転するものの例は時計の針かもしれません。秒針が真上を向いているときを0度として文字通り時計回りに「角度」を測るとしましょう。秒針の「角度」が0度のときは0秒になります。「角度」が90度で真右を向いているときは15秒です。同じように、「角度」が180度で真下を向いているときは30秒、「角度」が270度で真左を向いているときは45秒です。このように秒数は秒針の「角度」で表されています。

水道の蛇口も回転するものです。最初に蛇口は閉まっていて水は出てきません。この状態を「角度」0度としましょう。蛇口によって異なりますが反時計回りに10度程度も回せば水がチョロチョロと出てくるでしょう。30度程度回せば手を洗い流すのに十分なほどの水が普通に出てきます。180度も回せばはじけ飛ぶほどの勢いでドバドバと大量の水が出てきます。急いでバケ

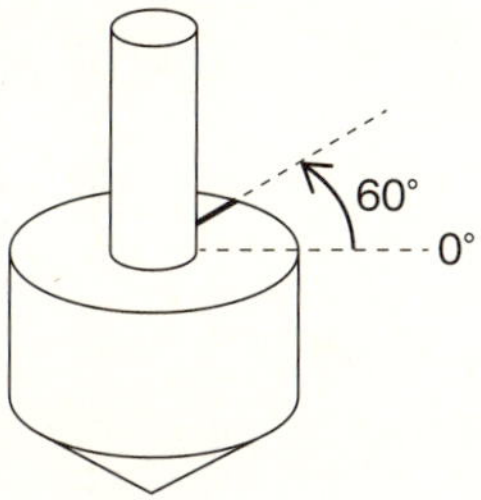

図4　マジックで印をつけたコマ

ツに水をいっぱいにくむ場合などはこうします。もちろん使い終わったら、「角度」を0度にして、水が漏れないようにしないと怒られてしまいます。このように水の出る量は蛇口の回す「角度」で決めることができます。

遊園地の観覧車は回転する乗り物です。「角度」が0度のところで観覧車に乗り込んだとしましょう。観覧車はグングン上昇していき、90度回転したところでは半分の高さになります。また、このときは隣のゴンドラは上下に位置して見えなくなります。180度で高さは最高地点になります。270度で再び高さは半分になり、最後に360度で地上に戻ってきます。このようにゴンドラの高さや隣のゴンドラの見えやすさは「角度」で決まっています。

これまで様々な例でみたように、回転するものは「角度」によって位置を決めることができるのです。他にも回るものを探してその「角度」の意味を考えてみてください。

ではは本書のテーマであるコマの場合はどうでしょうか？　コマ

の場合、特に0度という基準がありません。そのため、図4のようにコマにマジックで目印となる線を描く必要があります。目印の位置を分度器で調べることで、コマが回転した「角度」を知ることができます。しかしながら、コマを回しているときにコマが何度回転しているなどと気にしたことがある人はいないと思います。コマの場合は回転の「角度」そのものは興味の対象ではないのです。

「向き」の回転版「回転軸」

掛け時計と観覧車は仲間で、水道の蛇口だけ仲間外れといったら何のことかわかるでしょうか？ それは、「回転軸」の違いです。掛け時計も観覧車も垂直に回転するものです。すなわち「回転軸」は水平です。一方で、水道の蛇口は水平に回転するものです。すなわち「回転軸」は垂直です。

このように、回転するものには必ず「回転軸」があります。また、この「回転軸」を指定しないと、回転の「角度」だけでは回転の仕方は決められません。例えば、立っているお友達に360度回転してくださいと言ってみてください。

多くの人は、右回りまたは左回りにクルッと水平に回転すると思いますが、前にゴロンとでんぐり返しをする人もいるでしょう。今度は寝ているお友達にも同じことを言ってみてください。

寝返りを打って回転するすなわち垂直に回転する人もいると思いますが、おそらく頭と足を入れ替えるように水平に回転する人もかなりいると思います。

このように、「角度」と「回転軸」がセットになって初めて回転の様子を決めることができるのです。また、この「回転軸」は水平か垂直かの二択ではありません。どのような向きでもよいのです。

「速度」の回転版「角速度」：ω

続いて、回転の「角度」ではなく、回転の「速度」に注目してみましょう。先ほど時計、水道の蛇口、観覧車の3つを例に「角度」について考えましたが、この中で時計と観覧車にはあって、水道の蛇口にはないものは何でしょうか？　それは回転の「速度」です。前者は回転して動いていますが、後者の回転は止まっています。

ここでは、時計を例に回転の「速度」を考えてみましょう。先ほど例として考えた秒針はどのくらいの「速度」で回転しているのでしょうか。ただし、ここでは秒針はチクタクチクタクと1秒おきに動くものではなく、連続的にグルグル動くタイプの時計を想定してください。秒針は1周するのにどのくらい時間がかかるでしょうか？　答えはもちろん60秒です。このように1周するのにかかる時間のことを「周期」と言います。

これは回転の「速度」を表す最も身近な方法です。ですがこれは時間の長さであって、「速度」ではありません。では、もう少し科学的、物理的に便利な方法を考えてみましょう。秒針は1秒間で何回回転するでしょうか？　1回転するのに60秒だったので、1秒では60分の1回転だけするはずです。よって答えは1／60＝0・0167回になります。

このように、1秒間に回転する回数のことを「周波数」または「回転数」と言います。単位はHz（ヘルツ）が用いられます。この単位をラジオの選局のときに聞いたことのある方も多いと思います。ラジオはチューナーで電波の「周波数」を選択することでラジオ局を選ぶというわけです。

高速で回転しているものは「周期」より「周波数」のほうがわかりやすくよく使われます。では、最後に秒針は1秒間に何度回転しているでしょうか？　60秒間に360度回転しているので、1秒では360／60＝6度になります。このように、1秒間に何度回転するかを「角速度」と言います。

なじみのない言葉だという人も多いでしょう。しかし、物理では「角速度」が最も便利でよく使われます。直線運動のときに「位置」を時間で割れば「速度」になったことに対応して、回転運動のときに「角度」を時間で割れば「角速度」になるからです。「角速度」は、よくギリシア語のω（オメガ）を用いて表されます。本書では「角速度」のことを、わかりやすく「回転速度」と呼ぶ場合もあります。なお、厳密には360度のことを2πラジアンと表し、角速度＝2π×周波数、と表す方法が用いられます。これは計算結果を簡単にするための都合で本質的な違いはありません。

このように回転の速さを表す方法として、「周期」「周波数」「角速度」の3つがあることがわかりました。それぞれ、周波数は周期の逆数（周波数＝1／周期）、角速度は周波数の360度倍（角速度＝360度×周波数）の関係を持っており、どれかがわかればすべて一意に決定されます。

「角速度」にも向きがある

ここまで「角速度」を数の大きさとして表していました。しかし、回転には必ず「回転軸」という向きがあります。この「角速度」の大きさと「回転軸」の向きと回転の方向を同時に表す便利な方法があります。それはベクトルと呼ばれる矢印を用いて表すことです。「角速度」の大きさを矢印の長さ、回転軸と回転の方向を矢印の向きで表します。矢印の向きは、図5のように回転方向に右ネジを回したときに進んでいく方向にとるという右ネジのルールで一意に決定します。

少し、難しい話になりましたので、コマを例に「角速度」ベクトルを具体的に考えてみましょ

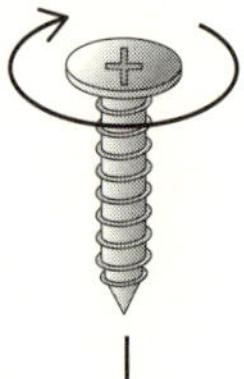

図5　右ネジの法則

う。図6のように垂直な「回転軸」の周りで水平に回転しているコマを5つ考えます。右から順番に「角速度」の大きさは2、1、0、−1、−2だとします。プラスは反時計回りマイナスは時計回りを意味します。そのときの「角速度」ベクトルは図に示したように方向は垂直で長さが2、1、0、−1、−2の矢印になります。プラスとマイナスは右ネジが進んでいく方向を矢印の方向とする右ネジのルールで決定します。

今度は図7のように、「角速度」の大きさはすべて2だとして、「回転軸」の向きが異なるコマが3つあるとします。すると、「角速度」ベクトルはコマの軸にくっついて動くことになります。

加速度の回転版「角加速度」：dω/dt

ここまでは、「回転の速さ」が一定の場合を考えていました。では、「回転の速さ」が変化する場合はどうなるでしょうか？

直線運動の場合は「速度」が変化する割合のことを「加速度」と

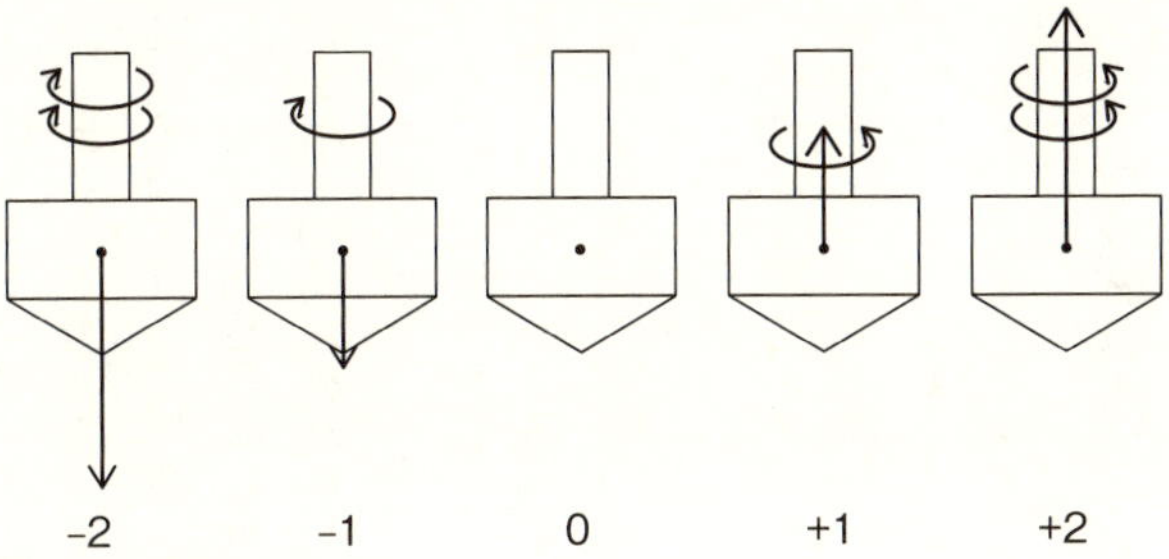

図6　角速度の大きさ

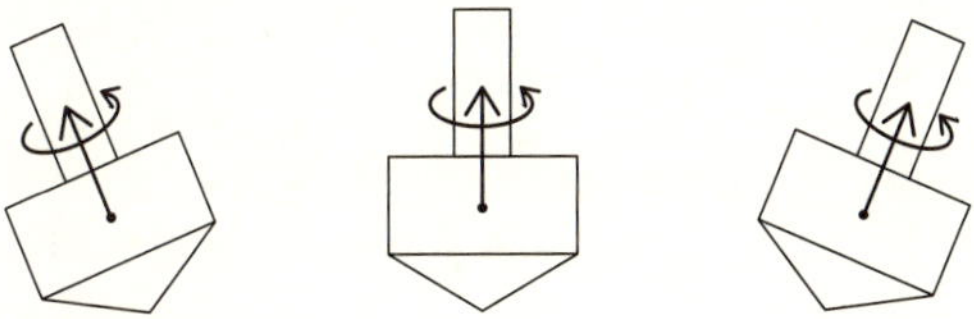

図7　角速度の向き

呼びました。同じように「角速度」が変化する割合のことを「角加速度」と呼びます。本書では簡単に「回転の加速度」とも呼びます。

ここでは本書の主人公であるコマを例に考えてみましょう。コマこそが「角速度」が徐々に変わるものの代表でもあるからです。まずは「角速度」が10のコマを考えてみましょう。コマは回した後はどんどん減速し10秒後には「角速度」が9になってしまいます。同じように20秒後には8、30秒後には7、と続きます。では、何秒後に止まるか想像がつくでしょうか？　きっと80秒後には2、90秒後には1、そして100秒後には「角速度」0になってコマは止まってしまうはずです。

このとき、コマは10秒間で1ずつ「角速度」が減っていきました。ということは1秒間に換算すると「角速度」は0・1ずつ下がっていったことになります。このようなとき、「角加速度」はマイナス0・1であると言います。減速なのでマイナスが付くのです。

今度は、加速の場合も考えてみましょう。コマを指でつまんで回し始める瞬間を考えます。指でコマをつまんだ状態では「角速度」は0です。そして指に力を入れた瞬間から時間を計ります。わずか0・01秒後にコマの「角速度」は1になりました。指はまだまだ捻り始めたばかりでまだまだ回転が続きます。0・02秒後にコマの「角速度」は2、0・03秒後には3になります。この調子で加速を続けて、0・08秒後には8、0・09秒後には9、そして0・1秒後には回転の速さは10に達して、この瞬間に指はコマを捻りきり、コマは手を離れ加速は終わります。

このコマは0・01秒間に1の割合で「角速度」が上がっていました。ということは1秒間に換算すると「角速度」は100ずつ上がっていたことになります。このようなとき、「角加速度」は100であると言います。このように、「角加速度」はコマの「角運動量」が加速や減速をする様子を数字で表すことができる便利な量なのです。

力の回転版 「力のモーメント」：N

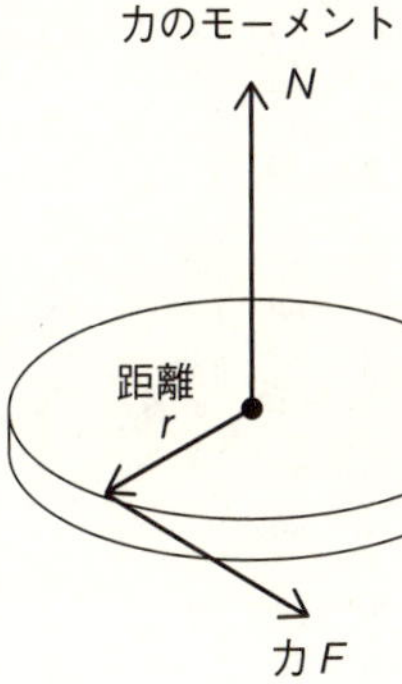

図8　力のモーメント

では、回転を加速したり減速したりするもの、すなわち「回転の加速度」を生み出すものは何なのでしょうか？　直線運動の場合は「加速度」を生んだのは「力」でした。しかし「力」をかけたからといって必ずしも回転するわけではありません。すでに第1章でも説明したように、回転を生むのは「力のモーメント」なのです。

もう一度まとめると、「力のモーメント」は、力が強いほど、力のかかる位置が回転軸から離れるほど、回転軸から見て直角なほど強くなります。このような事実はコマとコマの対決では重要な要素になります。「力のモーメント」も「角速度」と同じようにベクトルと呼ばれる矢印で表すことができます。「力のモーメント」の大きさを矢印の長さ、回転軸と回転方向を矢印の向きで表します（図8）。

質量の回転版「慣性モーメント」：I

では、同じ「力のモーメント」がかかれば「回転の加速度」は同じになるのでしょうか？ 直進運動の場合は同じ「力」をかけても「質量」が軽いものはグングン加速し、「質量」がズッシリ重いものはゆっくり加速しました。すなわち同じ「力」をかけても「質量」によって「加速度」は異なりました。この「質量」の回転版を「慣性モーメント」といいます。慣性とは動きにくさを意味する言葉です。慣性は英語でInertiaといいますので、頭文字をとってIと表します。

ここで、同じ形で「質量」が異なる円盤型のひねりコマを指で回す実験を考えてみましょう。同じ形であれば密度の高いコマ、すなわち重たいコマのほうが回すのが難しいのは直感的にすぐにわかると思います。この回す難しさのことを「慣性モーメント」と言います。同じ形でも「質量」が重たいほうが「慣性モーメント」が大きいのです。より定量的には同じ形で一様な材料でできていれば「慣性モーメント」は「質量」に比例します。

では、「質量」が同じであれば「慣性モーメント」は同じなのでしょうか？ 今度は図9のように同じ100グラムのつくねを細い竹串に練り付けて、3つの変わった料理を作ってみましょう。

最初は直径2センチメートル長さ16センチメートルの棒状のつくねの串焼きです。2つ目は直

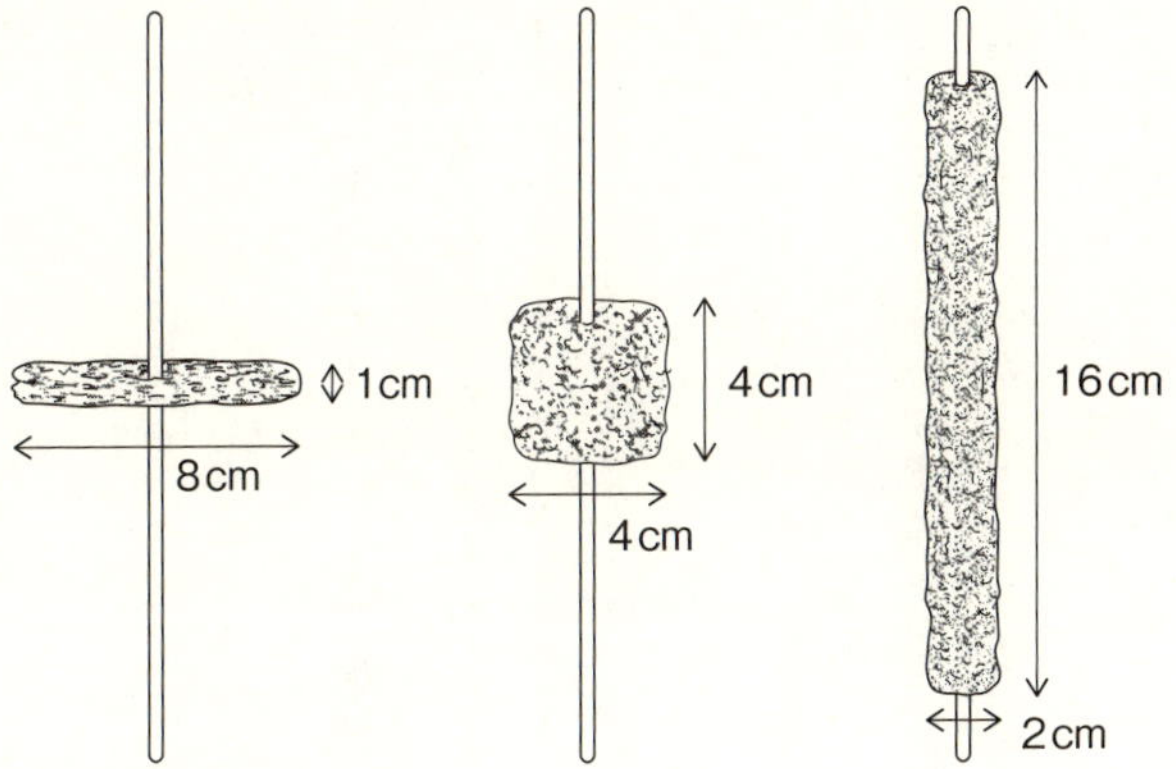

図9　形の異なるつくね

径4センチメートル、長さ4センチメートルの円柱状のつくね団子です。最後は、直径8センチメートル、長さというか幅1センチメートルの円盤状のつくねのお好み焼き風です。

どれも体積は同じですから重さは同じですが、直径は1：2：4の差があります。では、竹串を軸に回転させたらどうなるでしょうか？　最初のつくねの串焼きはクルックルッと簡単に回転しますが、2番目のつくね団子は少し重くグルグルと回転します。最後のつくねのお好み焼き風は、細い竹串をつまんで回すことはほとんどできないでしょう。このように、同じ「重さ」でも直径が大きいもののほうが回すのが難しいのは直感的にわかると思います。

すなわち、同じ「重さ」でも直径が大きいほうが「慣性モーメント」は大きいのです。より定量的には同じ重さであれば「慣性モーメント」は直径の2乗に比例します。すなわち、回転のしにくさは直径の2乗の1：4：16で圧倒的な差がついているのです。

ここまでをまとめると、「慣性モーメント」は、重たいほど、回転軸から遠くにあるほど大きくなります。

「慣性モーメント」を稼ぐ方法

では、「質量」も直径も同じであれば「慣性モーメント」は同じなのでしょうか？　実はここまでの「慣性モーメント」の話では簡単のため穴のない中身が詰まっているものを考えていました。ここでは図10のように同じ材質の鉄を用いて同じ重さ、直径2センチメートル以内のコマを作ってみましょう。ただし、穴が開いていても良いものとします。

1つ目は直径2センチメートル、高さ1センチメートルの穴のない普通のコマです。2つ目は直径1センチメートルの穴が開いているコマです。穴を掘った分をそのまま上に積んでいかないと同じ重さにはなりませんので、簡単な計算をすると高さは1・3センチメートルにアップすることがわかります。3つ目は直径1・5センチメートルの大穴が開いているリング状のコマです。こちらの高さは2・3センチメートルにもなります。これらの3つのコマの「慣性モーメント」はどれが一番大きいでしょうか？

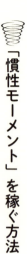

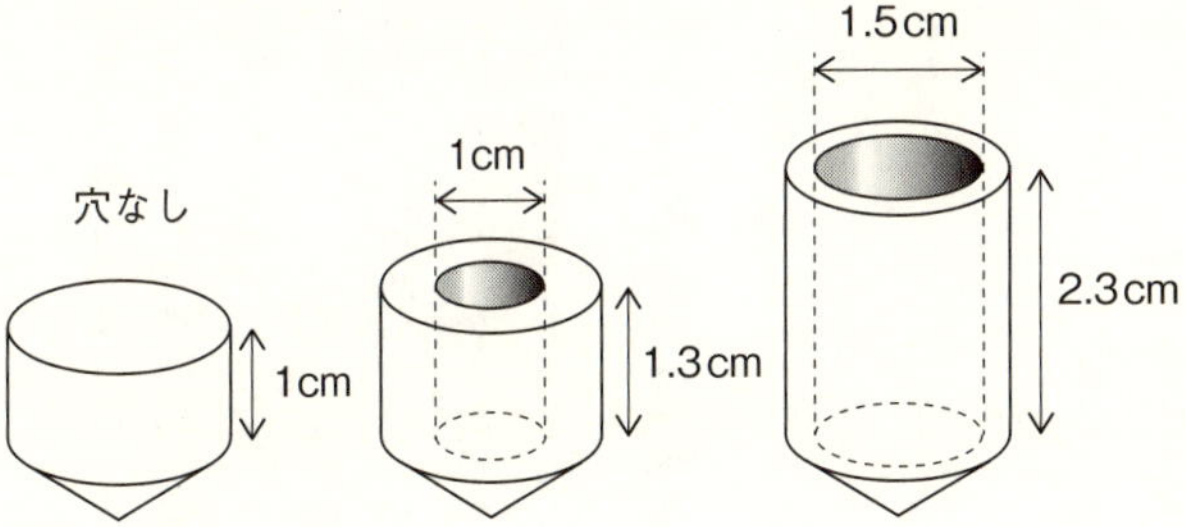

図10　穴のあいたコマ

コマの直径はすべて同じですが、「慣性モーメント」は質量が外側に集中しているほど大きくなります。最初の穴の開いていないコマでは質量が外側から内側まで均一に分布しています。一方で、大穴の開いた最後のコマでは外側に重さが集中しているため「慣性モーメント」は大きくなります。このように、同じ重さで同じ直径でも中央に穴の開いたコマのほうが「慣性モーメント」は大きくなります。

回転の運動方程式：$N = Id\omega/dt$

ここまでで、「回転の加速度」、「力のモーメント」、「慣性モーメント」などの役者が出そろいました。では、それらの関係をまとめるとどうなるのでしょうか？　「力のモーメント」が大きいほど「回転の加速度」が大きくなる比例の関係にあります。一方、「慣性モーメント」が大きいほど「回転の加速度」は逆に小さくなる反比例の関係にあります。これを一つの式で表したものが次の回転の運動方程式です。

$N = I \times d\omega/dt$

（力のモーメント）＝（慣性モーメント）×（回転の加速度）

これは、直進運動の運動方程式

$F = m \times a$

（力）＝（質量）×（加速度）

をすべて回転バージョンにしたものになっています。回転の運動方程式を用いることで、「慣性モーメント」がわかっている物体に、ある「力のモーメント」を加えたときにどのぐらいの「回転の加速度」が生じるかを知ることができます。

運動量の回転版「角運動量」：L

「回転の勢い」というものはどのように表せばよいでしょうか？　直線運動の場合は「質量」×「速度」のことを「運動量」と呼び、これが運動の勢いを表していました。回転の場合は「慣性モーメント」×「角速度」のことを「角運動量」と呼びます。これが「回転の勢い」を表しています。

図11のような4つの物体の回転の勢いを考えてみましょう。

（1）に対して角速度が2倍の（2）は（1）の2倍の角運動量を持っています。同じく、慣

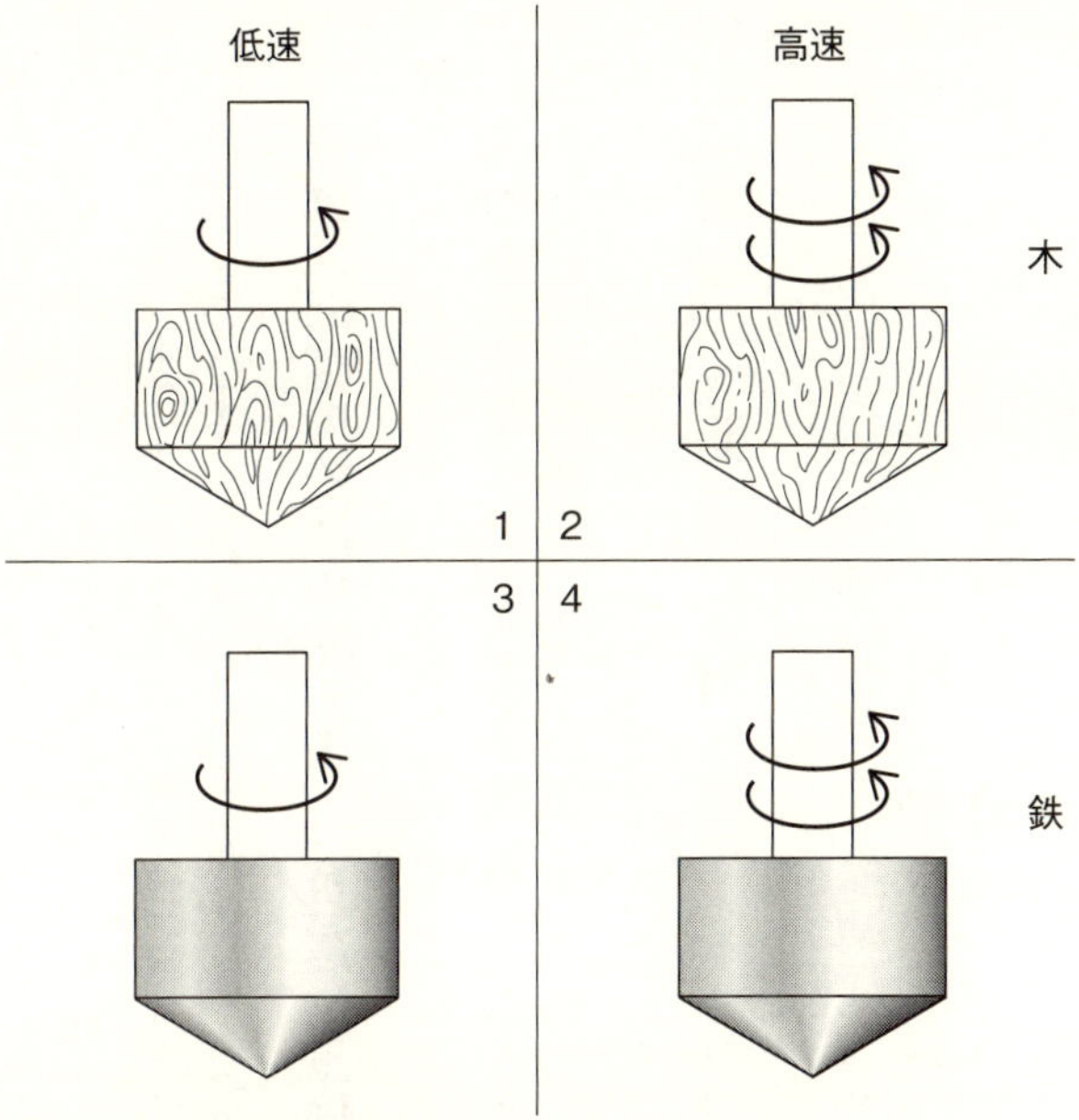

図11　4つの物体の回転の勢い

性モーメントが2倍の（3）も（1）の2倍の角運動量を持っています。角速度も慣性モーメントも（1）の2倍の（4）は（1）の4倍の角運動量を持っています。

このように、同じコマであれば角速度が速いほど、同じ角速度であれば慣性モーメントが大きいほどコマの「角運動量」は大きいということになります。この「回転の勢い」はコマ同士が戦うコマ大戦においてもとても大切な量になります。「角運動量」は「コマの強さ」そのものと言っても過言ではないのです。すなわち、セオリー通りいけば（4）がコマ大戦で勝つコマです。

「角運動量」はベクトルである「角速度」に「慣性モーメント」をかけただけですから、同じようにベクトルで表すことができます。「角運動量」の大きさを矢印の長さ、回転軸と回転方向を矢印の向きで表します。「角運動量」と「角速度」のベクトルは同じ向きを向いています。

運動量保存の法則の回転版「角運動量保存の法則」：L＝一定

外から「力のモーメント」を加えない限り、「角運動量」は絶対に変わらない量です。このことを「角運動量保存の法則」と言います。保存という単語は、日常生活では生ものを冷蔵庫に保存する、本を図書館に保存する、といったニュアンスで使われます。物理では少し違ったニュアンスでよく使われる用語で、時間がたっても変わらずに同じ値に保たれるという意味です。「角運動量保存の法則」は、「慣性モーメント」が回転の途中で変わるような場合に真価を発揮します。

スケートリンクでスピンしているスケート選手を考えてみましょう。スケート選手は最初両手両足を大きく広げてゆっくり回転しています。回転軸から手足が遠くにあるので「慣性モーメント」は大きいですが、「角速度」は小さいです。そのうち、手足を徐々に体のほうへ引き寄せていくとグングンと高速スピンを始めます。そのとき「慣性モーメント」は小さくなっていますが、「角速度」は大きくなっています。これらを掛け算したのが「角運動量」ですから、「角運動量」は一定になっているのです。

スケート場に行かなくても、回転いすを使って同じような体験ができます。回転いすの上でグルグル回って手を引っ込めると高速で回転を始めます。その際に水の入ったペットボトルなどの重りになるものを手に持つとより効果的です。

角運動量の向きは変わらない

「角速度」には大きさだけでなく回転軸という方向がありました。そのため「角運動量」にも回転軸という方向があります。「角運動量保存の法則」は単に「角運動量」の大きさが変わらないというだけではなく、「角運動量」の回転軸の向きも変わらないと言っているのです。

回転軸が変わらないことが如実に表れた例は地球の自転です（図8－1）。地球の自転軸は公転の軸に対して約23・4度傾いていますが、「角運動量保存の法則」のためこの傾きは一年を通して変わりません。そのため、夏の半球は太陽のほうを向き暑くなり、冬の半球は太陽と斜めのほうを向くため寒くなります。日本に春夏秋冬という美しい四季があるのも、「角運動量保存の法則」のおかげなのです。

「角運動量保存の法則」を科学的に体験できるジャイロホイールと呼ばれる実験装置がありますす

（図5－8）。自転車のタイヤに軸を通して手で持てるようにしたものです。このジャイロホイールを勢いよく手前に回転させると、大きな「角運動量」が蓄えられます。

回転軸を水平にしてジャイロホイールを手で持ち、回転いすに座ります。このとき「角運動量」は水平方向を向いていますので、垂直軸方向の角運動量はゼロになります。この状態でジャイロホイールを右に90度傾けてみます。すると垂直軸方向に時計回りの角運動量が生まれます。しかし、角運動量は保存するのですから、時計回りの角運動量が生じた反動として回転いすが反時計回りに回転するのです。今度は、ジャイロホイールを左に90度傾けると反時計回りの角運動量が生まれますから、その反動として回転いすは時計回りに回転します。これを利用すると、自分の好きなだけ回転いすを回転させることができます。

人工衛星は内部に3つ以上のジャイロホイールを有していて、これによって人工衛星の3次元的な角度を制御しています。ＪＡＸＡのはやぶさのときは、このうち2つが故障して制御が不完全になりました。そのため最近は4つのジャイロホイールを取り付けているようです。

このように「角運動量保存の法則」は便利で強力ですが、一つ注意が必要です。この法則はあくまでも外からの「力」、正確には「力のモーメント」がかかっていないときだけに成り立つ法則ということです。「力のモーメント」がかかれば「角運動量」はそれに従って変化します。どのように変化するかを表しているのが「回転の運動方程式」です。

【ま行】

【ら行】

【た行】

【な行】

【は行】

さくいん

【あ行】

【か行】

【さ行】

N.D.C.420　253p　18cm

ブルーバックス　B-2078

独楽《コマ》の科《か》学《がく》

回転する物体はなぜ倒れないのか？

2018年11月20日　第1刷発行

著者　山崎《やまざき》詩郎《しろう》
発行者　渡瀬昌彦
発行所　株式会社講談社
〒112-8001　東京都文京区音羽2-12-21
電話　出版　03-5395-3524
販売　03-5395-4415
業務　03-5395-3615
印刷所　（本文印刷）慶昌堂印刷株式会社
（カバー表紙印刷）信毎書籍印刷株式会社
製本所　株式会社国宝社

定価はカバーに表示してあります。

ISBN978－4－06－513855－7

発刊のことば

科学をあなたのポケットに

二十世紀最大の特色は、それが科学時代であるということです。科学は日に日に進歩を続け、止まるところを知りません。ひと昔前の夢物語もどんどん現実化しており、今やわれわれの生活のすべてが、科学によってゆり動かされているといっても過言ではないでしょう。

そのような背景を考えれば、学者や学生はもちろん、産業人も、セールスマンも、ジャーナリストも、家庭の主婦も、みんなが科学を知らなければ、時代の流れに逆らうことになるでしょう。

ブルーバックス発刊の意義と必然性はそこにあります。このシリーズは、読む人に科学的に物を考える習慣と、科学的に物を見る目を養っていただくことを最大の目標にしています。そのためには、単に原理や法則の解説に終始するのではなくて、政治や経済など、社会科学や人文科学にも関連させて、広い視野から問題を追究していきます。科学はむずかしいという先入観を改める表現と構成、それも類書にないブルーバックスの特色であると信じます。

一九六三年九月

野間省一